上海市工程建设规范

地下铁道结构抗震设计标准

Standard for seismic design of subway structures

DG/TJ 08—2064—2022

J 11527—2022

主编单位：同济大学
上海申通地铁集团有限公司
上海市隧道工程轨道交通设计研究院
批准部门：上海市住房和城乡建设管理委员会
施行日期：2022 年 11 月 1 日

U0363684

同济大学出版社

2023　上海

图书在版编目（CIP）数据

地下铁道结构抗震设计标准 / 同济大学，上海申通
地铁集团有限公司，上海市隧道工程轨道交通设计研究院
主编. —上海：同济大学出版社，2023.8
　ISBN 978-7-5765-0806-2

　Ⅰ. ①地⋯　Ⅱ. ①同⋯　②上⋯　③上⋯　Ⅲ. ①地下铁
道-防震设计-设计标准-上海　Ⅳ. ①TU921-65

　中国国家版本馆 CIP 数据核字（2023）第 042487 号

地下铁道结构抗震设计标准

同济大学
上海申通地铁集团有限公司　　　　　主编
上海市隧道工程轨道交通设计研究院

责任编辑　　朱　勇
助理编辑　　王映晓
责任校对　　徐春莲
封面设计　　陈益平

出版发行　　同济大学出版社　　www.tongjipress.com.cn
　　　　　　（地址：上海市四平路 1239 号　邮编：200092　电话：021-65985622）
经　　销　　全国各地新华书店
印　　刷　　浦江求真印务有限公司
开　　本　　889mm×1194mm　1/32
印　　张　　4.125
字　　数　　111 000
版　　次　　2023 年 8 月第 1 版
版　　次　　2023 年 8 月第 1 次印刷
书　　号　　ISBN 978-7-5765-0806-2
定　　价　　45.00 元

上海市住房和城乡建设管理委员会文件

沪建标定〔2022〕272 号

上海市住房和城乡建设管理委员会
关于批准《地下铁道结构抗震设计标准》为
上海市工程建设规范的通知

各有关单位：

由同济大学、上海申通地铁集团有限公司和上海市隧道工程轨道交通设计研究院主编的《地下铁道结构抗震设计标准》，经我委审核，现批准为上海市工程建设规范，统一编号为 DG/TJ 08—2064—2022，自 2022 年 11 月 1 日起实施。原《地下铁道建筑结构抗震设计规范》DG/TJ 08—2064—2009 同时废止。

本标准由上海市住房和城乡建设管理委员会负责管理，同济大学负责解释。

特此通知。

上海市住房和城乡建设管理委员会

2022 年 6 月 23 日

前　言

　　根据上海市住房和城乡建设管理委员会《关于印发〈2019年上海市工程建设规范建筑标准设计编制计划〉的通知》（沪建标定〔2018〕753号）要求，由同济大学、上海申通地铁集团有限公司和上海市隧道工程轨道交通设计研究院会同本市地铁建设的管理、设计、勘察和研究单位对上海市工程建设规范《地下铁道建筑结构抗震设计规范》DG/TJ 08—2064—2009进行修订。

　　2009年颁布施行的《地下铁道建筑结构抗震设计规范》DG/TJ 08—2064—2009是我国地铁抗震设计领域的第一本地方性规范，也是我国地下工程领域的第一本抗震专业规范。该规范的制定具有划时代的意义，为全国各地的地铁、地下结构抗震设计以及全国其他行业的相关抗震规范编制提供了较好的参考。该规范实施10年来，得到了广大设计、勘察单位的大力支持，也收获了不少建议。根据这些经验和建议，标准编制组对该规范进行了修订。

　　本次修订工作主要是对原规范第1章和第3章~第5章部分内容，包括地震动输入以及地震作用的计算和结构的抗震验算等作了少许调整；对第6章及第7章，地铁车站和区间隧道结构抗震设计的计算和抗震稳定验算的方法作了调整；抗震构造和附录内容也作了调整和增加。

　　各单位及相关人员在本标准执行过程中，请注意总结经验，积累资料，并将有关意见和建议反馈至上海市交通委员会（地址：上海市世博村路300号；邮编：200125；E-mail：shjtbiaozhun@126.com），上海市住房和城乡建设管理委员会（地址：上海市大沽路100号；邮编：200003；E-mail：shjsbzgl@163.com），岩土及地下工程教育部重点实验室（同济大学）"上海市工程建设规范《地下铁道结构抗震设计标准》"管理组(地址:上海市四平路1239号;邮编:200092;E-mail:tjyanglinde@163.com 或 xf.ma@tongji.edu.cn),或上海市建筑建材业市场管理总站(地址:上海市小木桥路683号;邮编:200032;E-mail:shgcbz@163.com),以供今后修订时参考。

主　编　单　位:同济大学

　　　　　　　　上海申通地铁集团有限公司

　　　　　　　　上海市隧道工程轨道交通设计研究院

参　编　单　位:上海防灾救灾研究所

　　　　　　　　上海市地震局

　　　　　　　　上海市城市建设设计研究总院(集团)有限公司

　　　　　　　　同济大学建筑设计研究院(集团)有限公司

　　　　　　　　上海市地下空间设计研究总院有限公司

　　　　　　　　岩土及地下工程教育部重点实验室(同济大学)

　　　　　　　　上海市土木工程学会

主要起草人:杨林德　毕湘利　曹文宏　袁　勇　马险峰

　　　　　　(以下按姓氏笔画排列)

　　　　　　王　挥　王秀志　王国波　韦　晓　申伟强

　　　　　　朱道建　刘加华　刘齐建　刘纯洁　刘洪波

　　　　　　李　翀　李文艺　李新星　杨　超　张中杰

　　　　　　张栋梁　张效晗　张海霞　陈　鸿　陈之毅

　　　　　　陈文艳　季倩倩　岳亦飞　郑永来　禹海涛

　　　　　　贾　坚　徐正良　商金华　葛世平　翟杰群

主要审查人:吕西林　周质炎(以下按姓氏笔画排列)

　　　　　　许丽萍　杨石飞　张孟喜　徐中华　高承勇

　　　　　　黄醒春　鲁卫东　温竹茵　楼梦麟

上海市建筑建材业市场管理总站

目　次

Contents

1 总　则

1.0.1 为贯彻以预防为主的方针,在现有的科学技术水平和经济条件下,使地铁结构经抗震设防后,减轻地震破坏,避免人员伤亡,减少经济损失,制定本标准。

1.0.2 本标准适用于本市城市轨道交通新建及改扩建地铁结构的抗震设计。

1.0.3 本标准所指的地铁结构,主要为地铁地下车站、地下变电站、地下中央控制室、区间隧道及其联络通道、竖向通风口和出入口通道结构。不含属于地铁系统的地面建筑及轨道交通结构。

1.0.4 按本标准进行抗震设计的地铁结构的抗震设防目标是:当遭受相当于本地区抗震设防烈度的地震影响时,主体结构不受损坏或不需进行修理可继续使用;当遭受高于本地区抗震设防烈度预估的罕遇地震影响时,结构的损坏经一般性修理仍可继续使用。

1.0.5 地铁结构的抗震设计,除应符合本标准外,尚应符合国家、行业和本市现行有关标准的规定。

2 术语和符号

2.1 术 语

2.1.1 抗震设防烈度 seismic precautionary intensity

按国家规定的权限批准后作为一个地区抗震设防依据的地震烈度。一般情况，取 50 年内超越概率 10％的地震烈度。

2.1.2 抗震设防标准 seismic precautionary criterion

衡量抗震设防要求高低的尺度，由抗震设防烈度或设计地震动参数及建筑抗震设防类别确定。

2.1.3 地震作用 earthquake action

由地震动引起的结构动态作用，包括水平地震作用和竖向地震作用。

2.1.4 设计地震动参数 design parameters of earthquake ground motions

抗震设计用的地震加速度（速度、位移）时程曲线、加速度反应谱和峰值加速度。

2.1.5 设计基本地震加速度 design basic acceleration of earthquake ground motions

50 年设计基准期超越概率 10％的地震加速度的设计取值。

2.1.6 设计特征周期 design characteristic period of earthquake ground motions

抗震设计用的地震影响系数曲线中，与反映地震震级、震中距和场地类别等因素的下降段起始点对应的周期值。

2.1.7 场地 site

工程群体所在地，通常具有相似的反应谱特征。

2.1.8 建筑抗震概念设计 seismic concept design of buildings

根据地震灾害和工程经验等形成的基本设计原则和设计思想,进行建筑和结构总体布置并确定细部构造的过程。

2.1.9 抗震措施 seismic measures

除地震作用计算和抗力计算以外的抗震设计内容,包括抗震构造措施。

2.1.10 抗震构造措施 details of seismic design

根据抗震概念设计原则,一般不需进行计算而对结构和非结构各部分必须采取的各种细部构造措施。

2.1.11 抗震性能化设计 performance-based seismic design

根据所选定的性能目标进行设计,使结构在规定的设计地震动水平下的行为满足预期的抗震性能目标。

2.2 主要符号

2.2.1 作用和作用效应

a——地下结构断面形心处的最大地震加速度;

c——地基中沿车站纵轴线向的地震波视速度;

F_{ij}——作用在结构构件结点上的等代水平地震惯性力;

F_1——作用在衬砌管片形心上的等代水平地震惯性力;

g——重力加速度;

p——地震作用效应基本组合的基底平均压应力设计值;

p_f——与等代水平地震惯性力荷载相应的圆形衬砌结构地层水平分布抗力的最大值;

p_k——与等代水平地震惯性力荷载相应的地铁车站结构地层水平分布抗力的最大值;

p_{max}——地震作用效应基本组合的基底边缘处最大压应力设计值;

Q_{ij}——与结点相连各构件重量之半的总和;

S——地震作用效应与其他荷载效应基本结合下结构构件内力组合的设计值，包括组合弯矩、轴向力和剪力等；

$M_{t,\max}, Q_{t,\max}, N_{t,\max}$——隧道衬砌沿纵向的最大动内力；

S_{Ehk}——水平地震作用标准值的效应；

S_{Evk}——竖向地震作用标准值的效应；

S_{GE}——重力荷载代表值的效应；

V_c——地下结构横断面形心处的土体最大地震动速度；

λ_w——入射地震动波长；

γ_d——土的动剪应变；

γ_1——地铁车站结构的剪应变；

Δu_e——设防烈度标准值产生的楼层内最大的弹性层间位移或罕遇地震作用下按弹性分析得到的层间位移；

Δu_p——弹塑性层间位移。

2.2.2　土层参数

V_s——土层的剪切波速；

f_d——静态下地基承载力设计值；

G——土的动剪切模量；

$G_{\max}$——土的最大动剪切模量；

K——地层基床系数；

K_h——沿地下结构轴线法向地基弹簧刚度；

K_a——沿地下结构轴线切向地基弹簧刚度；

I_{le}——地震时地基的液化指数；

p_s——比贯入阻力；

p_{scr}——比贯入阻力临界值；

p_{s0}——比贯入阻力基准值；

q_c——锥尖阻力；

q_{ccr}——锥尖阻力临界值；

q_{c0}——锥尖阻力基准值；

W_i——可液化土层的埋深权数；

ρ——土层材料的质量密度；

ρ_c——黏粒含量百分率；

γ_0——土的参考应变；

λ，λ_{max}——土的阻尼比和土的最大阻尼比；

γ_i——第i层土体重度。

2.2.3 材料性能和抗力

R——结构构件承载力设计值；

K_1——车站结构的剪切刚度；

$[\theta_e]$——弹性层间位移角限值；

$[\theta_p]$——弹塑性层间位移角限值；

E——隧道衬砌弹性模量；

E_1——管片环缝衬垫弹性模量；

E_b——管片环缝螺栓弹性模量。

2.2.4 几何参数

A——隧道衬砌截面面积；

A_b——环缝螺栓等效截面面积；

d_i——第i层土体厚度；

d_s——标准贯入试验点深度，或静探试验点深度；

d_w——地下水位埋深；

d_0——液化土特征深度；

H——计算范围深度，或自地表起地铁车站（或区间隧道）周围对结构地震反应有较大影响的土层的总厚度；

H_i——第i层土体厚度；

h——计算楼层层高，或薄弱层楼层高度；

l——管片环宽；

l_1——环缝橡胶垫层厚度；

l_2——环缝螺栓长度；

L——诱导缝间的结构长度；

u——结构诱导缝处的最大相对线位移；

θ——结构诱导缝处的最大相对角位移。

2.2.5 计算系数

F_{lei}——第 i 层的液化强度比;

k_c——矩形地铁车站结构等代水平地震惯性力系数;

k_{ci}——矩形地铁车站断面上第 i 层土体的等代水平地震惯性力影响系数;

k_{c1}——圆形断面区间隧道衬砌结构等代水平地震惯性力系数;

k_{c1i}——圆形区间隧道断面上第 i 层土的等代水平地震惯性力影响系数;

k_{0ci}——矩形地铁车站结构顶板上表面与地表齐平时的 k_{ci} 值;

k_{0c1i}——圆形断面区间隧道衬砌结构顶部外缘与地表齐平时的 k_{c1i} 值;

α——水平地震影响系数;

α_a——轴向应力波系数;

α_b——弯曲应力波系数;

α_{max}——水平地震影响系数最大值;

β——圆形或双圆断面区间隧道等代水平地震加速度荷载系数;

β_h——车站结构或圆形、双圆断面区间隧道衬砌结构埋深影响系数;

β_i——圆形或双圆区间隧道断面上第 i 层土的等代水平地震加速度荷载影响系数;

β_{1i}——矩形地铁车站断面上第 i 层土的等代水平地震加速度荷载影响系数;

β_{0i}——圆形或双圆断面区间隧道衬砌结构顶部外缘与地表齐平时的 β_i 值;

β_{01i}——矩形地铁车站顶板上表面与地表齐平时的 β_{1i} 值;

β_1，β_2——矩形地铁车站等代水平地震加速度荷载系数;

γ_{RE}——构件或地基承载力抗震调整系数；

γ_{Eh}——水平地震作用分项系数；

γ_{Ev}——竖向地震作用分项系数；

γ_G——重力荷载分项系数；

η——地震影响系数曲线的阻尼调整系数；

η_p——弹塑性层间位移增大系数；

γ——地震影响系数曲线下降段的衰减指数；

ξ_y——楼层屈服强度系数；

ψ_{le}——土层液化影响折减系数；

ζ——建筑结构的阻尼比。

2.2.6 其他

N——标准贯入试验锤击数实测值；

N_{cr}——液化判别标准贯入锤击数临界值；

N_0——液化判别标准贯入锤击数基准值；

n——总数，如楼层数，可液化土层范围内的分层总数；

T——结构自振周期；

φ——地震波入射方向与隧道轴线的夹角。

3 抗震设计的基本要求

3.1 地铁结构抗震设防分类和设防标准

3.1.1 根据现行国家标准《建筑工程抗震设防分类标准》GB 50223,除个别重要工程外,地铁结构的抗震设防类别应划为重点设防类(简称乙类)。

3.1.2 根据现行国家标准《建筑抗震设计规范》GB 50011 和现行上海市工程建设规范《建筑抗震设计标准》DG/TJ 08—9,上海市各区的抗震设防烈度均为 7 度。设计地震分组为第二组。

> 注:本标准一般略去"抗震设防烈度"字样,"抗震设防烈度为 7 度、8 度"简称为"7 度、8 度"。

3.1.3 地震作用的计算应符合本标准第 3.1.2 条规定的抗震设防烈度的要求,抗震构造措施应符合抗震设防烈度 8 度的要求,地基基础的抗震措施应符合现行上海市工程建设规范《地基基础设计标准》DGJ 08—11 的有关规定。

3.2 地震影响

3.2.1 地铁结构所在地区遭受的地震影响应采用与抗震设防烈度相应的设计基本地震加速度和设计特征周期表征。

3.2.2 抗震设防烈度和设计基本地震加速度取值的对应关系应符合表 3.2.2 的规定。

表 3.2.2 抗震设防烈度和设计基本地震加速度取值的对应关系

抗震设防烈度	7 度
地表设计基本地震加速度值	0.10g
地下 70 m 深处设计基本地震加速度值*	0.07g

注:1* 本表为 50 年设计基准期超越概率 10%的地震加速度的设计取值。

　　2 计算区深度小于 70 m 时,其下部边界处的设计基本地震加速度值,可采用线性内插方法计算确定。

3.2.3 对于上海市地铁结构的设计特征周期,多遇地震及设防烈度地震作用下Ⅲ类场地应采用 0.65 s,Ⅳ类场地采用 0.90 s,罕遇地震作用下Ⅲ类、Ⅳ类场地均应取 1.10 s。

注:本标准一般把"设计特征周期"简称为"特征周期"。

3.2.4 对于开展工程场地地震安全性评价的工程,地铁结构抗震设计采用的地震动参数应根据政府主管部门审定的评价结论确定。

3.3　场地和地基

3.3.1 选择地铁线路时,宜根据地铁工程的特点进行工程场地地震安全性评价工作。通过掌握地震活动性及工程地质和地震地质的有关情况,对沿线场地作出对抗震有利、一般、不利和危险地段的划分和综合评价。对不利地段,应提出避开要求;无法避开时,应采取有效措施。危险地段应严禁建造地铁工程。

3.3.2 地基和基础的设计应符合下列要求:

　　1 同一结构单元的基础不宜设置在性质截然不同或差异显著的地基上。

　　2 同一结构单元不宜部分采用天然地基,部分采用桩基。

　　3 地基为软弱黏性土、液化土、新近填土或严重不均匀土时,应估计地震时地基不均匀变形等不利影响,并采取相应的措施。

3.4 建筑设计和结构的规则性

3.4.1 地铁建筑设计应符合建筑抗震概念设计的要求,不应采用严重不规则的设计方案。

3.4.2 地铁建筑及其抗侧力结构的平面布置宜规则、对称、平顺,并应具有良好的整体性。竖向横剖面宜规则、对称,形状和构造不宜沿建筑纵向经常变化;结构的侧向刚度宜均匀变化,竖向抗侧力构件的截面尺寸和材料强度宜自下而上逐渐减小,避免抗侧力结构的侧向刚度和承载力突变。

3.4.3 地铁结构的平面和竖向不规则性可按现行国家标准《建筑抗震设计规范》GB 50011 有关条文的规定判别。

3.5 结构体系

3.5.1 结构抗震体系应主要根据地铁建筑的使用要求、场地条件、地基、结构材料和施工方法,同时兼顾抗震设防类别、抗震设防烈度的要求,经技术、经济综合比较确定。

3.5.2 结构体系应符合下列要求:

    1 应具有明确、合理的地震作用传递途径。

    2 应具备必要的抗震承载力、良好的变形能力和消耗地震能量的能力。

    3 应避免因部分结构或构件破坏而导致整个结构丧失抗震能力或对重力荷载的承载能力。

    4 对可能出现的薄弱部位,应采取措施提高抗震能力。

3.5.3 结构体系尚宜符合下列要求:

    1 宜具有合理的刚度和承载力分布,避免因局部削弱或突变形成薄弱部位,产生过大的应力集中或塑性变形集中。

    2 地铁车站下层柱的刚度宜大于上层。

3.5.4 混凝土结构构件应合理地选择尺寸、配置纵向受力钢筋和箍筋,避免剪切破坏先于弯曲破坏、混凝土的压溃先于钢筋的屈服、钢筋的锚固粘结破坏先于钢筋破坏。车站混凝土楼板宜采用现浇混凝土楼板或叠合楼板。

3.5.5 结构各构件之间的连接应符合下列要求:

    1 构件节点的破坏不应先于其连接的构件。

    2 预埋件的锚固破坏不应先于连接件。

    3 装配式结构构件的连接应能保证结构的整体性。

3.6 结构分析

3.6.1 地铁结构应进行 7 度设防烈度作用下的内力和变形分析,并假定结构和构件处于弹性工作状态;形状不规则且具有明显薄弱部位、可能导致地震时严重破坏的地铁车站,以及枢纽站、采用多层框架结构的地下换乘站、地下变电站及中央控制室等枢纽建筑和区间隧道,应按预估的罕遇地震参数进行变形分析,并假定结构和构件处于弹塑性工作状态。

3.6.2 进行 7 度设防烈度作用下的内力和弹性变形分析时,可根据结构特点采用弹性时程分析法、等代地震荷载法或反应位移法计算。

3.6.3 进行罕遇地震作用下的弹塑性变形分析时,可根据结构特点采用弹塑性时程分析法,或简化公式计算结构的弹塑性变形。

3.6.4 在软土地层中穿越的纵向长度较长、横向构造不变的区间隧道和地铁车站,一般可按平面应变模型进行横向水平地震作用的计算;结构形式复杂或工程地质条件变化较大的区段,应按空间结构模型计算。

3.6.5 附属于地铁车站或出入口通道的竖向通风口结构,可按现行上海市工程建设规范《建筑抗震设计标准》DG/TJ 08—9 的规定进行结构分析。

3.6.6 利用程序进行结构抗震分析时,应符合下列要求:

1 计算模型的建立应符合结构的实际工作状况。

2 计算程序的技术条件应符合本标准及有关标准的规定。

3 复杂结构进行设防烈度作用下的内力和变形分析时,应采用不少于 2 个不同的力学模型,并对其计算结果进行分析比较。

4 所有程序计算结果应经分析判断确认其合理、有效后,方可用于工程设计。

3.7 抗震性能化设计

3.7.1 地铁结构采用抗震性能化设计时,其抗震设防性能目标对应不同地震动水准的预期损坏状态或使用功能,应不低于本标准第 1.0.4 条规定的抗震设防目标。

3.7.2 地铁结构采用抗震性能化设计时,选定的设计地震动概率水准应与本标准第 3.2.2 条对设计基本地震加速度取值的规定相符,或不低于这一水准。

3.7.3 地铁结构抗震性能化设计的计算应符合下列要求:

1 分析模型应正确、合理地反映地震作用的传递途径,并能判别车站结构及构件(包括侧墙、顶板、楼板、底板以及中柱)在不同地震动水准下是否处于弹性工作状态。

2 弹性分析可采用线性方法;弹塑性分析可根据性能目标所预期的结构弹塑性状态,分别采用等效静力或动力非线性分析方法。

3 结构非线性分析模型相对于弹性分析模型可有所简化,但二者在设防烈度作用下的线性分析结果应基本一致。

3.7.4 结构及其构件抗震性能化设计的参考目标和计算方法,可按现行国家标准《建筑抗震设计规范》GB 50011 或《城市轨道交通结构抗震设计规范》GB 50909 中对类似结构及其构件的规定执行。

3.8 非结构构件

3.8.1 非结构构件(包括建筑非结构构件和建筑附属机电设备)自身及其与结构主体的连接,应进行抗震设计。

3.8.2 非结构构件的抗震设计应由相关专业人员负责进行。

3.8.3 非结构构件和装饰贴面等应与主体结构有可靠的连接或锚固。

3.8.4 隔墙的设置应考虑其对结构抗震的不利影响。

3.8.5 安装在建筑上的附属机械、电气设备系统的支座和连接,应符合地震时仍满足使用功能的要求,且不导致相关部件的损坏。

3.9 结构材料与施工

3.9.1 抗震结构对材料和施工质量的特别要求应在设计文件上注明。

3.9.2 结构材料的抗震性能指标应符合下列最低要求:

    1 混凝土结构材料应符合下列规定:

        1)混凝土的强度等级,框支梁、框支柱及框架梁、柱、节点核芯区,不应低于 C35。

        2)地下框架结构的纵向受力钢筋采用普通钢筋时,钢筋的抗拉强度实测值与屈服强度实测值的比值不应小于1.25;钢筋的屈服强度实测值与强度标准值的比值不应大于 1.3;且钢筋在最大拉应力下的总伸长率实测值不应小于 9%。

    2 钢结构的钢材应符合下列规定:

        1)钢材的屈服强度实测值与抗拉强度实测值的比值不应

大于 0. 85。

　　2）钢材应有良好的焊接性和合格的冲击韧性。

3.9.3　结构材料性能指标尚宜符合下列要求：

　　1　普通钢筋宜优先采用延性、韧性和焊接性较好的钢筋。普通钢筋的强度等级，纵向受力钢筋应选用符合抗震性能指标的不低于 HRB400 级的热轧钢筋；箍筋宜选用符合抗震性能指标的不低于 HRB400 级的热轧钢筋，也可选用 HPB300 级热轧钢筋。钢筋的检验方法应符合现行国家标准《混凝土结构工程施工质量验收规范》GB 50204 的规定。

　　2　混凝土结构的混凝土强度等级不宜超过 C60。

　　3　钢结构的钢材宜采用 Q235 等级 B、C、D 的碳素结构钢及 Q355 等级 B、C、D、E 的低合金高强度结构钢；当有可靠依据时，尚可采用其他钢种和钢号。

3.9.4　在施工中，当需要以强度等级较高的钢筋替代原设计中的纵向受力钢筋时，应按照钢筋受拉承载力设计值相等的原则换算，并应满足裂缝控制验算、最小配筋率和其他构造措施的要求。

3.9.5　采用焊接连接的钢结构，当接头的焊接拘束度较大、钢板厚度不小于 40 mm 且承受沿板厚方向的拉力时，钢板厚度方向的截面收缩率不应小于现行国家标准《厚度方向性能钢板》GB/T 5313 中关于 Z15 级规定的容许值。

3.10　地铁建筑的地震反应观测系统

3.10.1　地铁建筑应根据结构类型、规模、地质条件和周围环境等差异，考虑对本市车站和区间隧道选定代表性工程或区段设置地震反应观测系统。

3.10.2　设置地震反应观测系统的地铁结构，其建筑设计应留有观测仪器和信息传输线路的位置。

4 场地、地基和基础

4.1 场 地

4.1.1 除远郊低丘陵地区少数基岩露头或浅埋处外,本市的建筑场地多属现行国家标准《建筑抗震设计规范》GB 50011 所划分的Ⅳ类场地。湖沼平原区宜按波速判别场地类别。

4.1.2 选择建筑场地时,宜避开可液化场地,且不沿河道走向近距离敷设地铁线路。无法避开的,应进行液化影响评价和提出相应处理措施。

4.1.3 场地内存在中更新世以来活动的断裂时,应就断裂活动对工程可能造成的影响进行评价。

4.1.4 场地岩土工程勘察应确定场地类别,并根据实际需要提供建筑场地岩土体稳定性及地基液化的评价。采用时程分析法、反应位移法或等代水平地震加速度法进行抗震计算时,尚应根据设计要求提供土层剖面及土的动剪切模量和阻尼比等参数。

4.2 天然地基和基础

4.2.1 进行天然地基基础抗震验算时,应采用地震作用效应基本组合,并将地基抗震承载力取为静态下地基承载力的设计值除以地基承载力抗震调整系数。

4.2.2 对于天然地基上的浅基础,当需进行地基承载力抗震验算时,应满足下列公式:

$$p \leqslant \frac{f_d}{\gamma_{RE}} \qquad (4.2.2-1)$$

$$p_{\max} \leqslant \frac{1.2 f_{\mathrm{d}}}{\gamma_{\mathrm{RE}}} \qquad (4.2.2\text{-}2)$$

式中：p——地震作用效应基本组合的基底平均压应力设计值
（kPa），作用分项系数均取 1.0；

$p_{\max}$——地震作用效应基本组合的基底边缘处最大压应力设
计值（kPa），作用分项系数均取 1.0；

f_{d}——静态下地基承载力设计值（kPa）；

γ_{RE}——地基承载力抗震调整系数，按表 4.2.2 取用。

表 4.2.2　地基承载力抗震调整系数

地基土名称	γ_{RE}
淤泥质黏性土、填土	1.0
粉性土	0.9
一般黏性土、粉砂	0.8

4.3　液化土和软土地基

4.3.1　地面下 20 m 深度范围内存在饱和砂土或饱和砂质粉土
的地铁建筑地基，应进行液化判别，并确定整个场地的地基液化
危险性等级，结合具体情况采取相应的措施。

4.3.2　饱和砂土及砂质粉土，当符合下列情况之一时，可初步判
别为不液化或可不考虑液化的影响：

　　1　地质年代为第四纪晚更新世（Q3）及以前的地层。

　　2　粉土的黏粒（粒径小于 0.005 mm 的颗粒）含量大于或等
于 10%。

　　注：用于液化判别的黏粒含量系采用含量 4% 的六偏磷酸钠作分散剂测
定。采用其他方法时，应按有关规定进行换算。

　　3　砂质粉土或粉砂与黏性土互层时。

　　4　砂质粉土或砂土在场地内平均厚度不足 1 m。

　　5　上覆不液化土层厚度超过液化土特征深度 d_0（砂质粉土

为 6 m,砂土为 7 m,其中应扣除淤泥及淤泥质土层厚度)。

4.3.3 当初判可能有液化时,可采用标准贯入试验或静力触探试验进一步判定土层液化的可能性。两种试验同等有效。当实测值小于临界值时,应判为可液化土。情况复杂时,可采用波速试验或室内模拟试验等方法进行综合分析判别。

4.3.4 在地面下 20 m 深度范围内,液化判别标准贯入锤击数临界值按下式计算:

$$N_{cr} = \beta N_o \left[\ln(0.6 d_s + 1.5) - 0.1 d_w \right] \sqrt{\frac{3}{\rho_c}} \quad (4.3.4)$$

式中:N_{cr}——液化判别标准贯入锤击数临界值;

N_o——液化判别标准贯入锤击数基准值,一般情况下可取 7;

d_s——标准贯入试验点深度(m);

β——调整系数,上海按设计地震第二组取为 0.95;

d_w——地下水位埋深(m),可取 0.5 m;

ρ_c——土中黏粒含量,小于 3%时取 3%。

4.3.5 静力触探(单桥)比贯入阻力临界值可按下式计算:

$$p_{scr} = p_{s0} \left[1 - 0.06 d_s + \frac{(d_s - d_w)}{a + b(d_s - d_w)} \right] \sqrt{\frac{3}{\rho_c}}$$

$$(4.3.5-1)$$

静力触探(双桥)锥尖阻力临界值可按下式计算:

$$q_{ccr} = q_{c0} \left[1 - 0.06 d_s + \frac{(d_s - d_w)}{a + b(d_s - d_w)} \right] \sqrt{\frac{3}{\rho_c}}$$

$$(4.3.5-2)$$

式中:p_{scr}——比贯入阻力临界值;

q_{ccr}——锥尖阻力临界值;

p_{s0}——比贯入阻力基准值,可取 3.20 MPa;

q_{c0}——锥尖阻力基准值,可取 2.90 MPa;

d_s——静探试验点深度(m);

a——系数,可取 1.0;

b——系数,可取 0.75。

其余符号含义同本标准式(4.3.4)。

4.3.6 对可液化土层应按下式计算各试点的液化强度比:

$$F_{\mathrm{le}i} = \begin{cases} N/N_{\mathrm{cr}} \\ p_s/p_{\mathrm{scr}} \\ q_c/q_{\mathrm{ccr}} \end{cases} \qquad (4.3.6)$$

式中:$F_{\mathrm{le}i}$——第 i 层的液化强度比,当 $F_{\mathrm{le}i} \geqslant 1$ 时,取 $F_{\mathrm{le}i} = 1$;

N——标准贯入试验锤击数实测值;

p_s——比贯入阻力(MPa);

q_c——锥尖阻力(MPa)。

4.3.7 对可液化土层的地基,应按下式计算单孔的液化指数:

$$I_{\mathrm{le}} = \sum_{i=1}^{n} (1 - F_{\mathrm{le}i}) d_i W_i \qquad (4.3.7)$$

式中:I_{le}——地震时地基的液化指数。

n——可液化土层范围内的分层总数。

$F_{\mathrm{le}i}$——第 i 层的液化强度比。

d_i——第 i 层土厚度(m)。

W_i——可液化土层的埋深权数(m^{-1}),根据分层中点深度确定。当该分层中点深度不大于 5 m 时,应采用 10;等于 20 m 时,应采用零值;5 m～20 m 时,应按线性内插法取值。

4.3.8 根据液化指数,应按表 4.3.8 确定地基的液化等级,作为判别土层及地基液化危险性和危害程度的依据。

表 4.3.8　液化等级与液化指数的对应关系

液化等级	轻微	中等	严重
液化指数	$0<I_{le}\leqslant6$	$6<I_{le}\leqslant18$	$I_{le}>18$

4.3.9 当液化土层较平坦、均匀时,宜按表4.3.9选用抗液化措施。不宜将未经处理的液化土层作为天然地基持力层。

表 4.3.9　重点设防类抗液化措施

地基的液化等级	轻微	中等	严重
抗液化措施	部分消除地基液化沉陷,或对基础和上部结构进行处理	全部消除地基液化沉陷,或部分消除液化沉陷且对基础和上部结构进行处理	全部消除地基液化沉陷

4.3.10 全部消除地基液化沉陷的措施应符合下列要求:

　　1　采用桩基时,桩端伸入非液化土层中的长度不应小于1.5 m和2倍桩径的较大值。

　　2　采用注浆法加固时,应处理至液化深度的下界;加固后,土的标准贯入锤击数或静力触探(单桥)比贯入阻力、静力触探(双桥)锥尖阻力不宜小于本标准第4.3.4条和第4.3.5条规定的液化判别标准贯入锤击数、比贯入阻力及锥尖阻力临界值。

　　3　采用注浆法或换土法处理时,在基础边缘以外的处理宽度应超过基础底面下处理深度的1/2且不小于2.5 m。

4.3.11 部分消除地基液化沉陷的措施应符合下列要求:

　　1　处理深度应使处理后的地基液化指数减小,其值不大于6。

　　2　采用注浆法加固后,对土的标准贯入锤击数或静力触探(单桥)比贯入阻力、静力触探(双桥)锥尖阻力的要求同本标准第4.3.10条第2款。

　　3　基础边缘以外的处理宽度应符合本标准第4.3.10条第3款的要求。

4 条件许可时,将永久围护结构嵌入非液化土层。

4.3.12 液化等级为中等液化或严重液化的古河道和滨海,当有液化侧向扩展或流滑可能时,应进行抗滑动验算,并采取防土体滑动措施或结构抗裂措施。

4.3.13 在可液化地基中建造地铁建筑结构时,应检验其地层液化时的抗浮稳定性。

4.3.14 地基存在液化土层时,可按下列原则进行抗浮稳定验算:

1 结构基础底面位于或穿过可液化地层时,宜在结构稳定性验算中,按下式考虑液化时浮应力的增加值:

$$\Delta F = \sum \gamma_i d_i \qquad (4.3.14)$$

式中:ΔF——浮力的增加值(kPa)。

d_i——当基础底面位于可液化土层中时,为基础底面以上各土层厚度(m);当基础穿过液化土层时,为可液化土层及以上各土层的厚度。

γ_i——第 i 层土的重度(kN/m³),地下水位以下取浮重度。

2 对穿越液化土层的抗浮桩,桩周液化土层的摩阻力应乘以表 4.3.14 的液化影响折减系数。

3 对与液化土层相交的地铁建筑结构,周边液化土层的摩阻力应乘以液化影响折减系数,其值可参照表 4.3.14 确定。

4 对已采取措施加固的地基,周边液化土层摩阻力的折减系数可根据实测液化强度比 F_{le},按表 4.3.14 取用。

表 4.3.14　土层液化影响折减系数

液化强度比 F_{le}	土层埋深 d_s(m)	折减系数 ψ_{le}
$F_{le} < 0.6$	$\leqslant 10$	0
	> 10	1/3

液化强度比 F_{le}	土层埋深 d_s(m)	折减系数 ψ_{le}
$0.6 \leqslant F_{le} < 0.8$	$\leqslant 10$	1/3
	>10	2/3
$0.8 \leqslant F_{le} < 1.0$	$\leqslant 10$	2/3
	>10	1

4.3.15 地铁结构的桩基应符合现行上海市工程建设规范《建筑抗震设计标准》DG/TJ 08—9 和《地基基础设计标准》DGJ 08—11 的有关规定。

5 地震作用和结构抗震验算

5.1 一般规定

5.1.1 地铁结构地震作用的分析,应符合下列规定:

1 一般地下车站、区间隧道、区间隧道间的联络通道和出入口通道,抗震设计时可仅计算沿结构横向的水平地震作用;建筑布置不规则的地下车站以及形状变化较大的区间隧道渐变段,应同时计算沿结构横向和纵向的水平地震作用;枢纽站、采用复杂多层框架结构的地下换乘站,以及地基地质条件明显变化的区间隧道区段,必要时尚应计及竖向地震作用。

2 两个水平向地震作用的设计基本地震加速度输入采用相同的数值。

3 在建筑结构的两个主轴方向分别计算水平地震作用并进行抗震验算时,各方向的水平地震作用应由该方向的抗侧力构件承担。

5.1.2 地铁结构地震反应的计算可采用下列方法:

1 地层-结构时程分析法。抗震设防烈度作用下为弹性时程分析法,罕遇地震作用下为弹塑性时程分析法。采用时程分析法计算时,应按建筑场地类别和设计地震分组选用不少于2组的实际强震记录和1组由地震安全性评价提供的加速度时程曲线。实际强震记录的地面加速度时程调整最大值见表5.1.2,时程分析法的计算原理见本标准附录A。

表 5.1.2 采用实际强震记录进行时程分析所用地面加速度最大值(cm/s²)

地震影响	7 度
设防烈度	100
罕遇地震	200

2 等代地震荷载法。分为等代水平地震加速度法和惯性力法两类,适用于箱形地铁车站结构和区间隧道衬砌结构按平面应变模型分析时抗震设防烈度作用下的抗震计算。其中,车站结构的计算方法见本标准第 6.2.3 条和第 6.2.4 条及附录 B,区间隧道的计算方法见本标准第 7.2.3 条~第 7.2.5 条及附录 C。

3 反应位移法。用于计算周围地层分布均匀、断面形状标准、规则且无突变的地铁车站和区间隧道衬砌结构在设防烈度作用下的地震反应。采用这类方法时,地层动力反应位移的最大差值被作为强制位移施加在结构上,然后按静力原理计算内力。反应位移法的计算原理见本标准附录 D、附录 E 和附录 F;其中,附录 D 和附录 E 用于横向地震反应的分析,附录 F 用于纵向地震反应的分析。

4 罕遇地震下结构的变形也可按本标准第 5.6.2 条的规定采用简化公式计算。

5.1.3 计算地震作用时,重力荷载的代表值应取为结构和构配件的自重及水、土压力的标准值,以及各可变荷载的组合值之和。各可变荷载的组合值系数可按表 5.1.3 采用。

表 5.1.3　组合值系数

可变荷载种类	组合值系数
按实际情况计算的楼面活荷载	1.0
按等效均布荷载计算的楼面活荷载	0.5

5.1.4 进行结构抗震验算时,应进行设防烈度作用下的截面强度抗震验算和抗震变形验算,及预估的罕遇地震作用下的抗震变形验算。

5.2　地震动输入

5.2.1 地铁结构抗震设计计算中,地震动输入宜采用地震加速度时程输入。

5.2.2 地震加速度时程输入应按上海市工程建设规范《建筑抗震设计规程》DGJ 08—9—2013 中给出的地震影响系数曲线(相当于地震动加速度反应谱)执行,如图 5.2.2 所示。

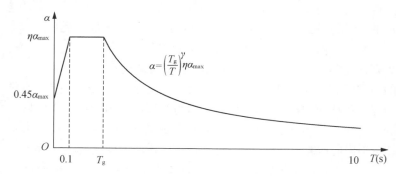

图 5.2.2 地震影响系数曲线

图中,T 为结构自振周期,T_g 为其设计特征周期,指代地震影响系数曲线开始下降处的结构自振周期,对上海市地铁结构的设防烈度,Ⅲ类场地采用 0.65 s,Ⅳ类场地取为 0.9 s,罕遇地震作用下Ⅲ类、Ⅳ类都取为 1.10 s;α 为水平地震影响系数,α_{max} 为其最大值,取值见表 5.2.2;η 为阻尼调整系数;γ 为曲线下降段的衰减指数。将建筑结构的阻尼比记为 ζ,则 η、γ 均随 ζ 的变化而变化。工程设计中一般应取 ζ 为 0.05,其余参数值为 $\eta=1.00$,$\gamma=0.90$。

表 5.2.2 水平地震影响系数最大值 α_{max}

地震影响	7 度
设防烈度	0.23
罕遇地震	0.45

5.2.3 采用地层-结构时程分析法计算地震反应时,地震动输入宜采用计算区域底部边界处的地震加速度时程。其值可根据地表处的地震加速度时程,通过反演计算确定。

5.3 水平地震作用计算

5.3.1 地铁结构可按横向水平地震作用计算的工况见本标准第3.6.4条,需进行纵向水平地震作用计算的工况见本标准第5.1.1条第1款。

5.3.2 地铁结构地震反应的计算方法见本标准第5.1.2条。

5.3.3 按平面应变模型进行地震反应分析和计算时,地铁结构的计算单元应按本标准第6.2.1条和第7.2.1条的相关规定确定。采用地层-结构时程分析法或等代水平地震加速度法计算时,计算区域的确定应符合本标准第6.2.2条和第7.2.2条的规定,侧向边界可采用减少或消除地震波反射效应的黏性、黏弹性及能量边界等人工边界,底部边界可取为解除转动约束的固定边界,地表为自由变形边界;采用惯性力法或反应位移法计算时,地铁结构视为弹性地基中的框架结构或圆环形结构。

5.3.4 采用地层-结构时程分析法或等代水平地震加速度法计算地震反应时,土的动力特性可采用 Davidenkov 模型表述,即动剪切模量 G、阻尼比 λ 与动剪应变 γ_d 之间满足下列公式:

$$\frac{G}{G_{max}} = 1 - \left[\frac{(\gamma_d/\gamma_0)^{2B}}{1 + (\gamma_d/\gamma_0)^{2B}} \right]^A \tag{5.3.4-1}$$

$$\frac{\lambda}{\lambda_{max}} = \left[1 - \frac{G}{G_{max}} \right]^\beta \tag{5.3.4-2}$$

式中:G_{max}——最大动剪切模量;

γ_0——参考应变;

λ_{max}——最大阻尼比;

A,B,β——拟合参数。

式中参数可由土的动力特性试验确定,缺乏资料时也可按表5.3.4所示的经验公式估算。

表 5.3.4　土动力特性参数估算式

参数 土类	G_{max} (MPa)	λ_{max}	A	B	γ_0 ($\times10^{-4}$)	β
粉质黏土	$2.036\times\dfrac{(2.97-e_0)^2}{1+e_0}(\sigma'_v)^{\frac{1}{2}}$	$0.3199-0.00642(\sigma'_v)^{\frac{1}{2}}$	1.2046	0.4527	7.1	1.3185
黏土	$2.881\times\dfrac{(2.97-e_0)^2}{1+e_0}(\sigma'_v)^{\frac{1}{2}}$	$0.4481-0.01446(\sigma'_v)^{\frac{1}{2}}$	0.5773	0.6487	20.4	1.3690
粉土	$2.381\times\dfrac{(2.97-e_0)^2}{1+e_0}(\sigma'_v)^{\frac{1}{2}}$	$0.4254-0.01081(\sigma'_v)^{\frac{1}{2}}$	0.6909	0.5530	15.5	1.2468
砂土	$3.026\times\dfrac{(2.97-e_0)^2}{1+e_0}(\sigma'_v)^{\frac{1}{2}}$	$0.3326-0.00596(\sigma'_v)^{\frac{1}{2}}$	0.8094	0.5421	13.5	1.0735

表 5.3.4 中，e_0 为土的初始孔隙比；σ'_v 为有效上覆压力（kPa），按下式计算：

$$\sigma'_v = \sum_{i=1}^{n} \gamma'_i h_i \qquad (5.3.4\text{-}3)$$

式中：γ'_i——第 i 层土的有效重度；

h_i——第 i 层土的厚度。

5.3.5 采用等代水平地震加速度法或惯性力法按平面应变模型计算水平地震作用的地震反应时，对常见断面可按本标准图 6.2.3、图 6.2.4 或图 7.2.3~图 7.2.5 所示的分布规律确定等代地震荷载，并将计算得到的结果内力乘以本标准表 6.2.3、表 6.2.4 或表 7.2.3~表 7.2.5 所给修正系数，进行结构动内力调整。

5.3.6 遇下列情况时，地铁结构宜按空间结构模型进行地震反应分析：

   1 沿纵轴方向结构型式有较大变化。

   2 沿结构纵向土层分布有显著差异。

   3 地铁车站、区间隧道、联络通道及出入口通道相互连接处构造不断开的接头结构。

   4 近距离相互交叉穿越的区间隧道。

5.3.7 采用空间结构模型计算地铁结构的地震反应时，在横断面上计算区域和边界条件的确定方法可与平面应变模型的计算相同，沿结构纵向则可根据具体情况确定。

5.4 竖向地震作用计算

5.4.1 地铁结构竖向地震作用的计算可采用地层-结构时程分析法，计算单元和计算区域的划分可与水平地震作用的计算相同。侧向边界可采用减少或消除地震波反射效应的黏性、黏弹性及能量边界等人工边界，底部边界可取为解除转动约束的固定边界,地表为自由变形边界。

5.4.2 竖向地震加速度时程曲线的最大值采用水平地震加速度时程曲线最大值的 2/3。选用实际加速度记录进行竖向地震作用分析时,可以是同一组记录的竖向分量,也可以是不同组的记录。

5.5 截面抗震验算

5.5.1 结构构件的地震作用效应和其他荷载效应的基本组合,应按下式计算:

$$S = \gamma_G S_{GE} + \gamma_{Eh} S_{Ehk} + \gamma_{Ev} S_{Evk} \qquad (5.5.1)$$

式中: S——结构构件内力组合的设计值,包括组合弯矩、轴向力和剪力的设计值;

γ_G——重力荷载分项系数,一般情况应采用 1.2,当重力荷载效应对构件承载能力有利时,不应大于 1.0;

γ_{Eh},γ_{Ev}——分别为水平、竖向地震作用分项系数,应按表 5.5.1 采用;

S_{GE}——重力荷载代表值的效应;

S_{Ehk}——水平地震作用标准值的效应;

S_{Evk}——竖向地震作用标准值的效应。

表 5.5.1　地震作用分项系数

地震作用	γ_{Eh}	γ_{Ev}
仅计算水平地震作用	1.4	0.0
仅计算竖向地震作用	0.0	1.4
同时计算水平与竖向地震作用	1.4	0.5
同时计算水平与竖向地震作用(竖向地震为主)	0.5	1.4

5.5.2 结构构件截面的抗震验算应采用下式:

$$S \leqslant R / \gamma_{RE} \qquad (5.5.2)$$

式中:S——结构构件内力组合的设计值,包括组合弯矩、轴向力和剪力的设计值;

γ_{RE}——承载力抗震调整系数,除另有规定外,应按表 5.5.2 采用;

R——结构构件承载力设计值。

表 5.5.2　承载力抗震调整系数

材料	结构构件	受力状态	γ_{RE}
钢	柱、梁、支撑、节点板件、螺栓、焊缝柱、支撑	强度	0.75
		稳定	0.80
混凝土	梁	受弯	0.75
	轴压比小于 0.15 的柱	偏压	0.75
	轴压比不小于 0.15 的柱	偏压	0.80
	抗震墙	偏压	0.85
	各类构件	受剪、偏拉	0.85

注:当仅计算竖向地震作用时,各类结构构件承载力抗震调整系数均应采用1.0。

5.6　抗震变形验算

5.6.1　对地铁车站结构进行设防烈度作用下的抗震变形验算时,其楼层内最大的弹性层间位移应符合下式要求:

$$\Delta u_e \leqslant [\theta_e]h \qquad (5.6.1)$$

式中:Δu_e——设防烈度作用标准值产生的楼层内最大的弹性层间位移,计算时可不扣除结构整体弯曲变形,钢筋混凝土结构构件的截面刚度可采用弹性刚度;

$[\theta_e]$——弹性层间位移角限值,对车站混凝土框架结构的柱和墙,层间位移角限值见表 5.6.1;

h——计算楼层层高。

表 5.6.1　弹性层间位移角限值

地下结构类型	$[\theta_e]$
单层或双层结构	1/550
三层或三层以上结构	1/1 000

注:圆形断面结构应采用直径变形率作为指标,地震作用下产生的弹性直径变形率应小于 4‰。

5.6.2 结构在罕遇地震作用下薄弱层(部位)的弹塑性层间位移,可采用弹塑性时程分析法计算,也可按下式简化计算:

$$\Delta u_p = \eta_p \Delta u_e \qquad (5.6.2)$$

式中:Δu_p——弹塑性层间位移。

Δu_e——罕遇地震作用下按弹性分析的层间位移。

η_p——弹塑性层间位移增大系数。当薄弱层(部位)的楼层屈服强度系数 ξ_y 不小于相邻层(部位)该系数平均值的 0.8 时,可按表 5.6.2 采用;当不大于该系数平均值的 0.5 时,可按表 5.6.2 中相应数值的 1.5 倍采用;其他情况可采用内插法取值。

表 5.6.2　弹塑性层间位移增大系数 η_p

结构类型	总层数 n 或部位	ξ_y		
		0.5	0.4	0.3
多层车站混凝土框架结构	2~4	1.30	1.40	1.60
	5~7	1.50	1.65	1.80

注:1 圆形断面结构应采用直径变形率作为指标,地震作用下产生的弹塑性直径变形率应小于 6‰。

2 ξ_y 为楼层屈服强度系数,为按构件实际配筋和材料强度标准值计算的楼层受剪承载力和按罕遇地震作用标准值计算的楼层弹塑性地震剪力的比值。

5.6.3 结构薄弱层(部位)的位置可按下列情况确定:

1 楼层屈服强度系数沿高度分布均匀的结构,可取底层。

2 楼层屈服强度系数沿高度分布不均匀的结构,宜对各层均进行验算。

5.6.4 结构薄弱层(部位)弹塑性层间位移应符合下式要求：

$$\Delta u_p \leqslant [\theta_p] h \qquad (5.6.4)$$

式中：$[\theta_p]$——弹塑性层间位移角限值，对地下钢筋混凝土框架
结构可取为 1/250；

h——薄弱层楼层高度。

6 地铁车站和出入口通道

6.1 一般规定

6.1.1 本章适用于软土地层中的地铁车站及其出入口通道及附属结构(地下变电站、地下中央控制室等)的抗震设计。

6.1.2 地铁车站及其出入口通道宜建造在密实、均匀、稳定的地基上。

6.1.3 地铁车站和出入口通道结构的抗震设计可仅计算沿结构横向的水平地震作用。其主体结构可按平面应变模型分析和计算;两端则宜与相邻建筑结构(如端头井及相邻区间隧道)一起,按空间结构模型计算和分析。

6.1.4 建筑布置不规则的地铁车站,其抗震设计应分别考虑两个主轴方向上的水平地震作用,并按空间结构模型计算和分析。

6.1.5 枢纽站和采用复杂多层框架结构的地下换乘站等重要地铁车站,必要时应做专门抗震设计,并宜同时计入竖向地震作用的地震反应。

6.2 结构的抗震计算

6.2.1 对规则布置的地下车站和出入口通道结构按平面应变模型进行分析和计算时,地下车站结构的计算单元可沿结构纵向取为相邻柱间间距的中-中,出入口通道结构可取单位长度。

6.2.2 采用地层-结构时程分析法或等代水平地震加速度法按平面应变模型计算地震反应时,侧向边界可取至离相邻结构边墙至少 3 倍结构宽度处。底部边界取至离地表 70 m 深处(或经时程分析试算,计算结果趋于稳定的深度处)。上部边界取至地表面。

6.2.3 设防烈度地震作用下采用等代水平地震加速度法按平面应变模型计算横向水平地震作用下的地铁车站结构的地震反应时,对常见的双层三跨矩形断面可按本标准图 B.2.2 所示的分布规律确定等代水平地震加速度荷载,并将计算得到的结果内力乘以本标准表 B.2.3 所给的修正系数。

6.2.4 设防烈度地震作用下采用惯性力法计算地铁车站结构时,对常见的双层三跨矩形断面可按弹性地基上的平面框架对其计算横向水平地震作用下的地震反应。这时可按本标准图 B.3.2 所示的分布规律确定等代水平地震惯性力荷载,并按本标准表 B.3.4 所列的数据确定结构构件最大动内力值的修正系数,后将计算得到的结果内力与其相乘。

6.2.5 地铁车站和出入口通道结构采用变形缝分段时,应验算其变形。诱导缝处的最大相对线位移和角位移可按下列公式计算:

$$u = \frac{V_c L}{\alpha_a c} \qquad (6.2.5-1)$$

$$\theta = \frac{aL}{(\alpha_b c)^2} \qquad (6.2.5-2)$$

式中: u , θ ——分别为诱导缝处结构的最大相对线位移和角位移。

   L ——诱导缝间的结构长度。 L 大于地震波视波长的 1/2 时,可按视波长的 1/2 计算。视波长可取为 60 m～120 m。

   c ——地基中沿车站纵轴线向的地震波视速度(m/s)。

   V_c ——地下结构横断面形心处的最大地震动速度(m/s)。

   α_a ——轴向应力波系数可根据起控制作用的地震波型,按本标准表 6.2.5 采用。

   α_b ——弯曲应力波系数可根据起控制作用的地震波型,

按本标准表 6.2.5 采用。

a——地下结构横断面形心处的最大地震加速度（m/s^2）。

表 6.2.5 波速系数

系数类型	波型		
	压缩波	剪切波	瑞利波
α_a	1.0	2.0	1.0
α_b	1.6	1.0	1.0

6.3 结构的抗震验算和构造措施

6.3.1 对地铁车站进行结构抗震验算时，应按本标准第 5.5.1 条的规定确定地震作用效应与其他荷载效应的基本组合和按本标准第 5.5.2 条和第 5.6 节的规定，进行结构构件的抗震承载力及抗震变形验算。

6.3.2 地铁车站结构除轴压比外，梁、板、柱的配筋方式和截面尺寸，纵向受力钢筋的最小配筋率、锚固长度和搭接长度，箍筋的最小直径、最大间距和加密区长度，（抗震）墙的厚度及其竖向和横向分布筋的最小配筋率和布置方式，以及带有孔洞时结构的构造等抗震构造措施，可参照抗震等级为二级的同类地面框架和板柱——抗震墙钢筋混凝土框架结构确定。车站附属钢筋混凝土结构的抗震等级则宜取三级。

6.3.3 车站结构采用箱形钢筋混凝土框架结构时，顶、底和楼板宜采用梁板结构。采用无柱帽平板时，宜在柱上板带中设构造暗梁。暗梁的构造要求与同类地面结构相同。

6.3.4 地铁车站结构楼板、侧墙等需要开孔时，孔洞宽度宜不大于该构件宽度的 30%，连续开孔洞跨数不宜超过 2 跨。孔洞周围应设置暗梁等构件加固边缘。加固构件的布置宜使结构质量和刚度的分布仍较均匀、对称和满足配筋率等构造要求。

6.3.5 箱形钢筋混凝土框架结构可采取下列措施加强墙板与顶板、梁板与立柱间的节点的刚度、强度及变形能力：

1 中柱与顶板、中板及底板的连接处应满足柱箍筋加密区的构造要求，其范围与抗震等级相同的地面结构柱构件相同。

2 墙体为包含地下连续墙的叠合墙体时，顶底板及各层楼板的负弯矩钢筋应至少有 50% 锚入地下连续墙，锚入长度应按受力计算确定；正弯矩钢筋需锚入内衬，并均不小于规定的锚固长度。

3 地下连续墙在与楼板及水平框架相交处预留钢筋连接器时，宜在板和框架厚度范围内预留剪力槽，槽深为 50 mm。

4 单柱车站、换乘段车站的中柱宜采用劲性钢筋混凝土柱或钢管混凝土柱，也可提高混凝土强度等级，或使用钢纤维混凝土代替普通混凝土对其加强。

6.3.6 地铁结构周围地基为液化土且未采取措施消除液化可能性时，尚应进行抗浮验算及考虑采取抗浮措施。

6.3.7 在可液化地基中建造地铁车站结构时，可通过对地基采取注浆加固和换土等措施消除或减小结构上浮的可能性，也可通过增设抗拔桩使其保持抗浮稳定。

6.3.8 施工中采用深度大于 20 m 的地下连续墙作为围护结构的地铁车站遇到薄层液化土层时，可不作地基抗液化处理，但其强度及抗浮稳定性的验算应考虑外围土层液化的影响。

6.3.9 地铁车站和出入口通道结构穿过地震作用下可能发生明显不均匀沉降的地基时，应采取下列抗震构造措施：

1 宜在地铁车站主体结构的适当部位设置诱导缝，车站主体和出入口通道、附属地下空间与其连接的部位设置变形缝，同时验算其可能发生的相对变形。

2 通过更换部分软弱土或设置桩基础深入稳定土层以加固处理地基。

6.3.10 框架柱的剪跨比宜大于 2，截面长边与短边的边长比宜小于 3,截面尺寸不宜小于 600 mm×600 mm。

6.3.11 单柱车站、换乘区框架柱轴压比限值不宜超过 0.7,其余框架结构轴压比限值不宜超过 0.75。遇下列情况时,轴压比限值可增加 0.10:

1 沿柱全高采用井字复合箍,且箍筋间距不大于 100 mm、肢距不大于 200 mm、直径不小于 12 mm。

2 沿柱全高采用复合螺旋箍,且螺距不大于 100 mm、肢距不大于 200 mm、直径不小于 12 mm。

3 沿柱全高采用连续复合矩形螺旋箍,且螺距不大于 80 mm、肢距不大于 200 mm、直径不小于 10 mm。

7 地铁区间隧道及其联络通道

7.1 一般规定

7.1.1 本章适用于软土地层中的地铁区间隧道及其联络通道结构的抗震设计。对于明挖区间隧道可参考地下车站进行设计。

7.1.2 地铁区间隧道及其联络通道宜建造在密实、均匀、稳定的地基上。

7.1.3 地铁区间隧道及其联络通道结构的抗震设计方法的选择符合下列原则：

　　1 一般可仅计算沿结构横向的水平地震作用，处于纵向变化较大的陡坡、急曲线地段，或地基、地质条件明显变化的区段的区间隧道，尚应考虑沿结构纵向的水平地震作用及竖向地震作用的影响。

　　2 其主体结构可按平面应变模型分析和计算，两端及地质条件明显变化的区段以及长度很短的联络通道，则宜与相邻建筑结构（如端头井）一起，按空间结构模型计算与分析。

7.1.4 区间隧道近距离相互交叉穿越，间距小于 0.5 倍较大隧道直径时，需按空间地层-结构模型进行计算分析。

7.1.5 地铁区间隧道进行纵向抗震设计时，可仅计算沿结构纵向的水平地震作用。

7.2 结构的抗震计算

7.2.1 按平面应变模型进行分析和计算时，地铁区间隧道结构的计算单元可沿结构纵向取为相邻管片宽度范围内构造上的对称轴-对称轴,错缝拼装应改用双环模型,联络通道结构可取单位长度。

7.2.2 采用地层-结构时程分析法或等代水平地震加速度法按平面应变模型计算地震反应时,侧向边界宜取至离相邻隧道水平直径外缘至少 3 倍隧道外径处,底部边界取至离地表 70 m 深处(或经时程分析试算,计算结果趋于稳定的深度处),上部边界取至地表。

7.2.3 设防烈度地震作用下采用等代水平地震加速度法按平面应变模型计算地铁区间隧道或其联络通道结构在横向水平地震作用下的地震反应时,可按本标准图 C.2.2 所示的分布规律确定等代水平地震加速度荷载,并将计算得到的结果内力乘以本标准表 C.2.3 所给的修正系数,进行结构动内力值调整。

7.2.4 设防烈度地震作用下采用惯性力法计算地铁区间隧道时,可按弹性地基上的圆环结构计算横向水平地震作用的地震反应。这时可按本标准图 C.3.2 所示的分布规律确定等代水平地震惯性力荷载,并将由计算得到的结果内力与按本标准表 C.3.4 确定的结构构件的最大动内力值修正系数相乘,得到结构的最大动内力值。

7.2.5 设防烈度地震作用下采用等代水平地震加速度法按平面应变模型计算横向水平地震作用下的双圆地铁区间隧道结构的地震反应时,可按本标准图 C.2.4 所示的分布规律确定等代水平地震加速度荷载,并将计算得到的结果内力乘以本标准表 C.2.5 所给的修正系数,进行结构动内力值调整。

7.2.6 处于均质分布地层中的区间隧道,一般可将其简化为弹性地基上的直梁,采用本标准第 E.1 节的方法进行纵向地震反应计算。

7.2.7 采用动力时程分析方法进行纵向地震反应分析时,隧道所在位置的地层位移可通过自由场地震时程反应分析确定,与地层强制位移相应的结构动内力采用本标准第 F.2 节的方法进行计算。

7.2.8 采用时程分析法计算近距离正交穿越区间隧道的地震反应时,两个水平方向的计算范围均可取为自交叉节点投影重叠范围起向两侧各延伸 5 倍的隧道直径长度。深度方向上方取至地表,下方取为深 70 m。侧向约束条件可采用黏性、黏弹性及能量边界等人工边界,底部为解除转动约束的固定边界,地表为自由变形边界。

7.3 结构的抗震验算和构造措施

7.3.1 对区间隧道及其联络通道进行结构抗震验算时,应按本标准第 5.5.1 条的规定确定地震作用效应与其他荷载效应的基本组合,并按本标准第 5.5.2 条的规定检验结构构件的抗震承载力。

7.3.2 对地铁区间隧道进行设防烈度下的抗震变形验算时,其径向变形的最大值应不超过本标准表 5.6.1 规定的数值。

7.3.3 区间隧道和通道结构等在夹有薄层液化土层的地层中穿越时,可不作地基抗液化处理,但结构强度及其抗浮稳定性的验算应考虑土层液化的影响。

7.3.4 在地震时易发生液化、突沉的地段,可考虑适当设置变形缝,以适应隧道有可能产生的较大的纵向弯曲。

7.3.5 明挖隧道结构宜采用墙-板结构。设置立柱时,宜采用延性良好的劲性钢筋混凝土柱或钢管混凝土柱;当采用钢筋混凝土柱时,应限定轴压比并加密箍筋。

7.3.6 采用盾构法施工的区间隧道,管片宜错缝拼装,并加深接头榫槽的深度。如采用通缝拼装,则在穿越液化、震陷地层时,管片环缝宜设置凹凸榫。凸榫高度不应小于 20 mm,以增强纵向整体性。

7.3.7 区间隧道与车站、风井连接处宜设置 3 道变形缝,联络通道两侧宜各设置2道变形缝。区间隧道下穿地铁车站时,地层突变处宜设置变形缝。

7.3.8 单洞双线大直径区间隧道的中隔墙不应限制圆形隧道的自由变形,并应满足下列规定:

    1 在中隔墙与管片间宜设置软木橡胶柔性材料。

    2 在中隔墙与管片间宜设置剪切键,并采取措施限制中隔墙的侧向位移。

7.3.9 单洞双线大直径区间隧道内部结构变形缝应与管片环缝对齐。

7.3.10 区间隧道钢筋混凝土结构的抗震等级宜取二级。

附录 A 地层-结构时程分析法

A.1 基本原理

地层-结构时程分析法将地震运动视为一个随时间而变化的过程,并将地下结构物和周围岩土体介质视为共同受力变形的整体,通过直接输入地震加速度记录,在满足变形协调条件的前提下分别计算结构物和岩土体介质在各时刻的位移、速度、加速度,以及应变和内力,并进而验算场地的稳定性和进行结构截面设计。

A.2 计算原理

A.2.1 基本方程

采用地层-结构时程分析法按平面应变模型的有限元方法计算地下结构物的地震反应时,基本方程如下式所示:

$$[M]\{\ddot{u}\} + [C]\{\dot{u}\} + [K]\{u\} = -[M]\{l\}\ddot{u}_g(t) = \{F(t)\}$$

$$(A.2.1)$$

式中:$\{u\}$——结点位移列阵。

$[M]$——体系的整体质量矩阵。

$[C]$——体系的整体阻尼矩阵,$[C] = \alpha[M] + \beta[K]$,其中 α 和 β 为由试验确定的系数。当采用瑞利阻尼时,可取 $\alpha = \lambda\omega_1$,$\beta = \lambda/\omega_1$。其中,λ 为阻尼比,ω_1 为体系的一阶自振频率。

$[K]$——体系的整体刚度矩阵。

$\{l\}$——元素均为 1 的列阵。

$\ddot{u}_g(t)$——输入的地震加速度时程曲线。

$\{F(t)\}$——荷载向量列阵。

A.2.2 基本方程的求解方法

式(A.2.1)属于非线性动力方程,可采用时域积分法逐步求解,按下列步骤计算:

1 将输入地震加速度的计算时间划分成若干个足够微小的时间间隔。

2 假设在每个微小的时间间隔内,地震加速度及体系的反应加速度均随时间呈线性变化,据此算得该时间间隔最后时刻的位移$\{u\}$、速度$\{\dot{u}\}$及加速度$\{\ddot{u}\}$。

3 根据位移$\{u\}$求出应变和应力。

4 重复步骤 2 和步骤 3,计算下一时间间隔的最后时刻的位移、速度、加速度、应变和应力,直到输入地震加速度的计算时间结束。

A.3 地层材料的动力本构模型

上海市地层材料的动力特性可采用 Davidenkov 模型表述,动剪切模量 G 及阻尼比 λ 分别按下列公式计算:

$$\frac{G}{G_{max}} = 1 - \left[\frac{(\gamma_d/\gamma_0)^{2B}}{1+(\gamma_d/\gamma_0)^{2B}} \right]^A \qquad (A.3-1)$$

$$\frac{\lambda}{\lambda_{max}} = \left(1 - \frac{G}{G_{max}} \right)^{\beta} \qquad (A.3-2)$$

式中:A、B、β——拟合参数;

G_{max}——最大剪切模量;

γ_d——动剪应变;

γ_0——参考应变;

λ_{max}——最大阻尼比。

A.4 梁单元的刚度矩阵

设梁单元在局部坐标系下的结点位移为 $\{\bar{\delta}\} = [\bar{u}_i, \bar{v}_i, \bar{\theta}_i, \bar{u}_j, \bar{v}_j, \bar{\theta}_j]^T$，对应的结点力为 $\{\bar{f}\} = [\bar{X}_i, \bar{Y}_i, \bar{M}_i, \bar{X}_j, \bar{Y}_j, \bar{M}_j]^T$，$\{\bar{f}\}$ 和 $[\bar{k}]^e$ 可按下列公式计算：

$$\{\bar{f}\} = [\bar{k}]^e \{\bar{\delta}\} \tag{A.4-1}$$

$$[\bar{k}]^e = \begin{bmatrix} \dfrac{EA}{l} & 0 & 0 & -\dfrac{EA}{l} & 0 & 0 \\ 0 & \dfrac{12EI}{l^3} & \dfrac{6EI}{l^2} & 0 & -\dfrac{12EI}{l^3} & \dfrac{6EI}{l^2} \\ 0 & \dfrac{6EI}{l^2} & \dfrac{4EI}{l} & 0 & -\dfrac{6EI}{l^2} & \dfrac{2EI}{l} \\ -\dfrac{EA}{l} & 0 & 0 & \dfrac{EA}{l} & 0 & 0 \\ 0 & -\dfrac{12EI}{l^3} & -\dfrac{6EI}{l^2} & 0 & \dfrac{12EI}{l^3} & -\dfrac{6EI}{l^2} \\ 0 & \dfrac{6EI}{l^2} & \dfrac{2EI}{l} & 0 & -\dfrac{6EI}{l^2} & \dfrac{4EI}{l} \end{bmatrix}$$

$$\tag{A.4-2}$$

式中：$[\bar{k}]^e$——梁单元在局部坐标系下的刚度矩阵；

$\quad\ l$——梁单元的长度；

$\quad\ A$——梁构件的截面积；

$\quad\ I$——梁截面的惯性矩；

$\quad\ E$——梁材料的弹性模量。

在整体坐标系下，梁单元的刚度矩阵 $[k]^e$ 按下列公式计算：

$$[k]^e = [T]^T [\bar{k}]^e [T] \tag{A.4-3}$$

$$[T] = \begin{bmatrix} \cos \beta' & \sin \beta' & 0 & 0 & 0 & 0 \\ -\sin \beta' & \cos \beta' & 0 & 0 & 0 & 0 \\ 0 & 0 & 1 & 0 & 0 & 0 \\ 0 & 0 & 0 & \cos \beta' & \sin \beta' & 0 \\ 0 & 0 & 0 & -\sin \beta' & \cos \beta' & 0 \\ 0 & 0 & 0 & 0 & 0 & 1 \end{bmatrix}$$

$$(A.4-4)$$

式中：$[T]$——转置矩阵；

β'——局部坐标系与整体坐标系水平轴之间的夹角。

A.5 接触面单元的刚度矩阵

接触面单元可采用无厚度节理单元模拟。不考虑法向和切向的耦合作用时，接触面单元应力、位移关系的增量按下式计算：

$$\begin{Bmatrix} \Delta \tau_s \\ \Delta \sigma_n \end{Bmatrix} = \begin{bmatrix} K_s & 0 \\ 0 & K_n \end{bmatrix} \begin{Bmatrix} \Delta u_s \\ \Delta u_n \end{Bmatrix} = [K^e] \begin{Bmatrix} \Delta u_s \\ \Delta u_n \end{Bmatrix} \qquad (A.5)$$

式中：K_s——接触面的动力切向刚度；

K_n——接触面的动力法向刚度。

K_s、K_n 宜按静力有限元方法计算，也可将其取为 $k = KLd$。其中，k 为压缩或剪切地基弹簧刚度，K 为基床系数，L 为垂直于结构横向的计算长度，d 为土层沿地铁结构纵向的计算长度。

A.6 四边形单元

采用四结点等参单元，并设结点位移为 $\{\delta\} = [u_1, v_1, u_2, v_2, u_3, v_3, u_4, v_4]^T$ 时，位移模式可由双线性插值函数给出，按下式计算：

$$u = N_1 u_1 + N_2 u_2 + N_3 u_3 + N_4 u_4$$
$$v = N_1 v_1 + N_2 v_2 + N_3 v_3 + N_4 v_4$$

（A.6-1）

式中，N_1，N_2，N_3，N_4 为插值函数，按下列公式计算：

$$N_1 = \frac{1}{4}(1-\xi)(1-\eta)$$
$$N_2 = \frac{1}{4}(1+\xi)(1-\eta)$$
$$N_3 = \frac{1}{4}(1+\xi)(1+\eta)$$
$$N_4 = \frac{1}{4}(1-\xi)(1+\eta)$$

（A.6-2）

A.7 地震动输入

进行上海地区软土地铁建筑结构的抗震验算时，可以采用未来 50 年超越概率为 10% 时，上海地区地表以下 70 m 深度处的人工水平地震加速度时程作为地震动输入，如图 A.7 所示。

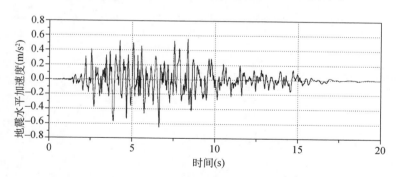

图 A.7 上海地区地表以下 70 m 深度处的人工水平地震加速度时程

A.8 计算区域及边界条件

采用地层-结构时程分析法对上海地区的软土地铁建筑结构进行抗震设计计算时,计算区域和边界条件可按图 A.8 确定。

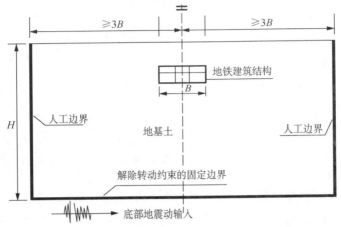

图 A.8 地层-结构时程分析法计算简图

注:H 取 70 m,或取经时程分析试算计算结果趋于稳定的深度。

附录 B 软土双层三跨地铁车站结构地震反应分析的等代地震荷载法

B.1 概 述

B.1.1 目的意义

本附录旨在对设防地震荷载作用下软土地层中常见的双层三跨地铁车站结构按平面应变模型分析时的地震反应,提出确定等代地震荷载的方法,以采用较为简便的方法对其进行抗震设计计算。

B.1.2 基本原则

1 等代原则

本附录对常见软土双层三跨地铁车站结构按平面应变模型分析时的地震反应,按极限作用效应相等的原则确定等代地震荷载。

2 修正原则

鉴于地铁车站结构的极限地震反应的特征参数同时包含构件截面的最大弯矩、最大轴力和最大剪力,以及确定等代地震荷载时很难做到使各构件经受的最大弯矩、最大轴力和最大剪力同时等效,等代地震荷载按使主要构件的最大弯矩相等的原则确定。同时,对其余构件的最大弯矩及各构件的最大轴力和最大剪力,通过引入修正系数予以计算。

B.1.3 方法分类

本附录提出的等代地震荷载法分为等代水平地震加速度法和惯性力法两类。

B. 2　等代水平地震加速度法

B. 2. 1　基本原理

等代水平地震加速度法将常见软土双层三跨地铁车站结构在横向水平地震作用下的地震反应(平面应变模型),用按折线规律分布的水平地震加速度的作用效应等代,并将这一水平地震加速度作为等代地震荷载。

B. 2. 2　等代水平地震加速度分布图

采用等代水平地震加速度法计算常见软土双层三跨地铁车站结构在横向水平地震作用下的地震反应(平面应变模型)时,等代水平地震加速度荷载 $f(h)$ 的分布如图 B. 2. 2 所示,按下式计算:

$$f(h)=\begin{cases} 0.1g\beta_1 & h\leqslant h_1 \\ 0.1g\left[\beta_1-\dfrac{h-h_1}{h_2-h_1}(\beta_1-\beta_2)\right] & h_1<h<h_2 \\ 0.1g\beta_2 & h\geqslant h_2 \end{cases}$$

$$(B. 2. 2-1)$$

式中:h——分析点离地表的深度;

h_1、h_2——顶板、底板轴线的埋深;

β_1、β_2——地铁车站等代水平地震加速度荷载系数;

g——重力加速度,0.1g 为对设防烈度为 7 度的建筑物,设计基准期为 50 年且超越概率为 10% 时的地表基本地震加速度的设计值。

对软土地层中常见的双层三跨地铁车站结构,β_1、β_2 按下列公式计算:

$$\left.\begin{aligned} \beta_1&=\sum_{i=1}^{N}\frac{H_i}{H}\beta_{1i} \\ \beta_2&=\frac{1}{5}\beta_1 \end{aligned}\right\}$$

$$(B. 2. 2-2)$$

$$H = \sum_{i=1}^{N} H_i \qquad (\text{B.2.2-3})$$

$$\beta_{1i} = \beta_{01i}\beta_h \qquad (\text{B.2.2-4})$$

$$\beta_h = 1.00 - 0.0093z \qquad (\text{B.2.2-5})$$

式中：N——自地表起地铁车站周围对结构地震反应有较大影响的土层的总数。

H——自地表起地铁车站周围对结构地震反应有较大影响的土层的总厚度。

H_i——第 i 层土的厚度。

β_{1i}——第 i 层土的等代水平地震加速度荷载影响系数。

β_{01i}——地铁车站顶板上表面与地表齐平时的 β_{1i} 值，可根据土层种类按表 B.2.2 取值。

β_h——车站结构埋深影响系数。β_h 的取值范围为 $0.7 \leqslant \beta_h \leqslant 1$。$\beta_h < 0.7$ 时，令 $\beta_h = 0.7$。

z——自地表起至地铁车站结构顶面的距离(m)。

按式(B.2.2-2)计算时，β_1、β_2 的取值范围为 $0.15 \leqslant \beta_1 \leqslant 0.30$，$0.03 \leqslant \beta_2 \leqslant 0.06$。

表 B.2.2 β_{01i} 取值

土层种类	黏土	淤泥质黏土	粉质黏土	粉土、粉砂
β_{01i}	0.24	0.28	0.25	0.20

B.2.3 构件动内力的修正系数

采用本标准图 B.2.2 计算常见软土双层三跨地铁车站结构在等代水平地震加速度荷载作用下的构件动内力时，最大动内力值的修正系数见表 B.2.3。

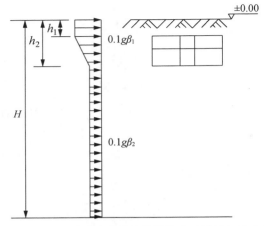

图 B.2.2　双层三跨地铁车站结构等代水平地震加速度分布图

注：H 取 70 m，或取经时程分析试算计算结果趋于稳定的深度。

**表 B.2.3　双层三跨地铁车站结构构件最大动内力值修正系数
（等代水平地震加速度法）**

内力	构件				
	底板	中板	顶板	侧墙	中柱
弯矩	1.00	0.45～0.55	0.75～0.85	1.00	0.35～0.45
剪力	2.40～2.55	0.50～0.60	1.15～1.30	1.80～1.95	0.45～0.55
轴力	2.70～3.00	1.70～2.00	3.40～3.70	4.60～4.90	1.60～1.90

注：计算中一般可取中值。

B.3　惯性力法

B.3.1　基本原理

惯性力法将常见软土双层三跨地铁车站结构在横向水平地震作用下的地震反应（平面应变模型），用作用于构件结点处的水平地震惯性力的作用效应等代，并将这些水平地震惯性力及与其相应的地层抗力作为等代地震荷载。

B.3.2 计算简图

采用惯性力法计算时,可按图 B.3.2 所示的计算简图计算常见软土双层三跨地铁车站结构在横向水平地震作用下的地震反应(平面应变模型)。图中,地铁车站结构被视为弹性地基上的框架结构,F_{ij}(i 为横向构件层数,取 1～3;j 为竖向构件列数,取 1～4)为作用在结点 ij 上的等代水平地震惯性力;p_k 为呈三角形分布的地层水平抗力的最大值,其值可由水平方向作用的等代地震荷载的平衡条件确定;K 为地层基床系数,其值可按上海市工程建设规范《地基基础设计标准》DGJ 08—11—2018 附录 G 取值。

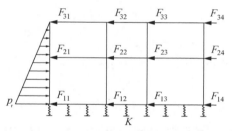

图 B.3.2 双层三跨地铁车站结构等代地震荷载的分布及计算简图(惯性力法)

B.3.3 F_{ij} 的算式

作用于构件结点处的等代水平地震惯性力 F_{ij} 可按下列公式计算:

$$F_{ij} = k_c Q_{ij} \tag{B.3.3-1}$$

$$k_c = \sum_{i=1}^{N} \frac{H_i}{H} k_{ci} \tag{B.3.3-2}$$

$$k_{ci} = k_{0ci} \beta_h \tag{B.3.3-3}$$

$$\beta_h = 1.00 - 0.0093z \tag{B.3.3-4}$$

式中:Q_{ij}——通过结点 ij 的各个构件的质量之半的总和;

k_c——矩形地铁车站结构等代水平地震惯性力系数；

k_{ci}——矩形地铁车站断面上第 i 层土的等代水平地震惯性力影响系数；

k_{0ci}——矩形地铁车站结构顶板上表面与地表齐平时的 k_{ci} 值，可根据土层种类不同按表 B.3.3 取值；

β_h——车站结构埋深影响系数。

N、H_i、H 的含义同本标准式(B.2.2-2)，z 的含义及 β_h 的取值范围同本标准式(B.2.2-5)。

按式(B.3.3-2)计算时，k_c 的取值范围为 $0.3\sim0.4$。

表 B.3.3 k_{0ci} 取值

土层种类	黏土	淤泥质黏土	粉质黏土	粉土、粉砂
k_{0ci}	0.36	0.40	0.38	0.31

B.3.4   构件动内力的修正系数

采用图 B.3.2 计算常见软土双层三跨地铁车站结构在等代地震荷载作用下的构件动内力时，最大动内力值的修正系数见表 B.3.4。

表 B.3.4   双层三跨地铁车站结构构件最大动内力值修正系数
(惯性力法)

内力	构件				
	底板	中板	顶板	侧墙	中柱
弯矩	±1.00	$0.25\sim0.30$	$0.35\sim0.45$	$0.85\sim1.15$	$0.45\sim0.55$
剪力	$1.30\sim1.70$	$0.60\sim0.80$	$1.10\sim1.40$	$0.55\sim0.70$	$0.40\sim0.50$
轴力	$1.10\sim1.35$	$0.07\sim0.10$	$3.40\sim4.50$	$3.00\sim4.00$	$1.15\sim1.55$

注：1　计算中一般可取中值。

2　底板最大弯矩可为正弯矩，也可为负弯矩。

附录 C 软土地铁区间隧道衬砌结构地震反应分析的等代地震荷载法

C.1 概 述

C.1.1 目的意义

本附录旨在对设防地震荷载作用下软土地层中的圆形和双圆断面地铁区间隧道衬砌结构按平面应变模型分析时的地震反应,提出确定等代地震荷载的方法,以采用较为简便的方法对其进行抗震设计计算。

C.1.2 基本原则

1 等代原则

本附录对按平面应变模型分析圆形和双圆断面地铁区间隧道衬砌结构时的地震反应,按极限作用效应相等的原则确定等代地震荷载。

2 修正原则

鉴于圆形和双圆断面地铁区间隧道衬砌结构的极限地震反应的特征参数同时包含构件截面的最大弯矩、最大轴力和最大剪力,以及确定等代地震荷载时很难做到使各构件截面经受的最大弯矩、最大轴力和最大剪力同时等效,等代地震荷载按使主要构件截面的最大弯矩相等的原则确定。同时,对各构件截面的最大轴力和最大剪力,通过引入修正系数予以计算。

C.1.3 方法分类

本附录提出的等代地震荷载法,分为等代水平地震加速度法和惯性力法两类。

C.2 等代水平地震加速度法

C.2.1 基本原理

等代水平地震加速度法将地铁区间隧道衬砌结构在设防烈度下的地震反应（平面应变模型），用均布水平地震加速度的作用效应等代，并将这一水平地震加速度作为等代地震荷载。

C.2.2 圆形断面区间隧道等代水平地震加速度分布图

圆形断面区间隧道等代水平地震加速度荷载的分布图如图 C.2.2 所示。图中，$0.1g$ 为对设防烈度为 7 度的建筑物，设计基准期为 50 年且超越概率为 10% 时的地表基本地震加速度的设计值，β 为圆形断面区间隧道等代水平地震加速度荷载系数。

对分离式圆形断面区间隧道，按下列公式计算：

$$\beta = \sum_{i=1}^{N} \frac{H_i}{H} \beta_i \qquad (C.2.2-1)$$

$$H = \sum_{i=1}^{N} H_i \qquad (C.2.2-2)$$

$$\beta_i = \beta_{0i} \beta_h \qquad (C.2.2-3)$$

$$\beta_h = 1.00 - 0.0093z \qquad (C.2.2-4)$$

式中：N——自地表起地铁区间隧道周围对结构地震反应有较大影响的土层的总层数。

H——自地表起地铁区间隧道周围对结构地震反应有较大影响的土层的总厚度。

H_i——第 i 层土的厚度。

β_i——第 i 层土的等代水平地震加速度荷载影响系数。

β_{0i}——圆形断面区间隧道衬砌结构顶部外缘与地表齐平时的 β_i 值，可根据土层种类按表 C.2.2 取值。

β_h——圆形断面区间隧道埋深影响系数。β_h 的取值范围为 $0.7 \leqslant \beta_h \leqslant 1$。$\beta_h < 0.7$ 时，令 $\beta_h = 0.7$。

z——自地表起至区间隧道顶部外缘的距离（m）。

按式（C.2.2-1）计算时，β 的取值范围为 $0.18 \leqslant \beta \leqslant 0.28$。

表 C.2.2 β_{0i} 取值

土层种类	黏土	淤泥质黏土	粉质黏土	粉土、粉砂
β_{0i}	0.21	0.28	0.23	0.18

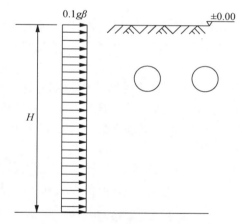

图 C.2.2 圆形断面区间隧道等代水平地震加速度分布图

注：H 取 70 m，或取经时程分析试算计算结果趋于稳定的深度。

C.2.3 圆形断面衬砌动内力的修正系数

采用图 C.2.2 计算圆形断面区间隧道衬砌结构在等代水平地震加速度荷载作用下的构件的动内力时，最大动内力值的修正系数见表 C.2.3。

表 C.2.3　圆形断面区间隧道衬砌结构最大动内力值修正系数
（等代水平地震加速度法）

弯矩	剪力	轴力
1.00	0.95~1.05	1.80~2.00

注：计算中一般可取中值。

C.2.4　双圆断面区间隧道等代水平地震加速度分布图

双圆断面区间隧道等代水平地震加速度荷载的分布图如图 C.2.4 所示。图中，$0.1g$ 为对设防烈度为 7 度的建筑物，设计基准期为 50 年且超越概率为 10％时的地表基本地震加速度的设计值，β 为双圆断面区间隧道等代水平地震加速度荷载系数。

对双圆断面区间隧道，β 的计算表达式与本标准式(C.2.2-1)～式(C.2.2-4)相同，区别仅为式中符号 β_{0i}、β_h 和 z 的含义应改为：

β_{0i}——双圆断面区间隧道衬砌结构顶部外缘与地表齐平时的 β_i 值，可根据土层种类按表 C.2.4 取值。

β_h——双圆断面区间隧道埋深影响系数。β_h 的取值范围为 $0.7 \leqslant \beta_h \leqslant 1$。$\beta_h < 0.7$ 时，令 $\beta_h = 0.7$。

z——自地表起至双圆断面区间隧道顶部外缘的距离(m)。

按式(C.2.2-1)计算时，β 的取值范围为 $0.16 \leqslant \beta \leqslant 0.26$。

表 C.2.4　β_{0i} 取值

土层种类	黏土	淤泥质黏土	粉质黏土	粉土、粉砂
β_{0i}	0.20	0.26	0.22	0.16

C.2.5　双圆断面衬砌动内力的修正系数

采用本标准图 C.2.4 计算双圆断面地铁区间隧道衬砌结构在等代水平地震加速度荷载作用下的构件动内力时，最大动内力值的修正系数见表 C.2.5。

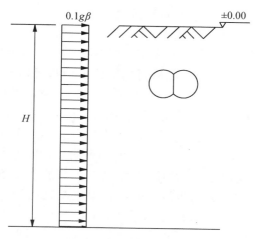

图 C. 2. 4 双圆断面区间隧道等代水平地震加速度分布图

注：H 取 70 m,或取经时程分析试算计算结果趋于稳定的深度。

**表 C. 2. 5 双圆断面地铁区间隧道衬砌结构最大动内力值修正系数
（等代水平地震加速度法）**

内力	构件	
	中柱	弧形管片
弯矩	1.00	1.00
剪力	0.90~1.05	0.75~0.90
轴力	0.90~1.20	3.50~3.80

注：计算中一般可取中值。

C. 3 惯性力法

C. 3. 1 基本原理

惯性力法将圆形断面地铁区间隧道衬砌结构在设防烈度下的地震反应（平面应变模型）,用作用于衬砌结构构件形心的水平地震惯性力的作用效应等代,并将这些水平地震惯性力及与其相应的地层抗力作为等代地震荷载。

C.3.2　圆形断面的计算简图

采用惯性力法计算时,可按本标准图 C.3.2 所示的计算简图计算圆形断面地铁区间隧道衬砌结构的地震反应(平面应变模型)。图中,圆形断面地铁区间隧道衬砌结构被视为弹性地基上的圆环结构;F_1(l 取 $1\sim M$,M 为衬砌圆环的管片数)为作用在衬砌管片形心上的等代水平地震惯性力,其值可按本标准式(C.3.3-1)计算;p_f 为图中三角形分布的地层水平抗力的最大值,其值可由水平方向作用的等代地震荷载的平衡条件确定;K 为地层基床系数,其值可按上海市工程建设规范《地基基础设计标准》DGJ 08—11—2018 附录 G 取值。

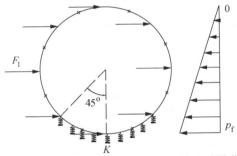

图 C.3.2　圆形断面区间隧道衬砌结构等代地震荷载的
分布及计算简图(惯性力法)

C.3.3　F_1 的算式

作用在衬砌管片形心上的等代水平地震惯性力 F_1 可按下列公式计算:

$$F_1 = k_{c1}Q_1 \tag{C.3.3-1}$$

$$k_{c1} = \sum_{i=1}^{N} \frac{H_i}{H} k_{c1i} \tag{C.3.3-2}$$

$$k_{c1i} = k_{0c1i}\beta_h \tag{C.3.3-3}$$

— 58 —

$$H = \sum_{i=1}^{N} H_i \qquad\qquad \text{(C. 3. 3-4)}$$

$$\beta_{\mathrm{h}} = 1.00 - 0.0093z \qquad \text{(C. 3. 3-5)}$$

式中:Q_l——第 l 号管片的重量,l 取 $1 \sim M$;

$\quad M$——每环圆形衬砌结构的管片数;

$\quad k_{\mathrm{c}l}$——等代水平地震惯性力系数;

$\quad k_{\mathrm{c}li}$——第 i 层土的等代水平地震惯性力影响系数;

$\quad k_{\mathrm{0c}li}$——圆形断面区间隧道衬砌结构顶部外缘与地表齐平时的 $k_{\mathrm{c}i}$ 值,可根据土层种类按表 C. 3. 3 取值。

表 C. 3. 3 $k_{\mathrm{0c}li}$ 取值

土层种类	黏土	淤泥质黏土	粉质黏土	粉土、粉砂
$k_{\mathrm{0c}li}$	0.90	1.20	1.10	0.70

N、H_i、H 的含义与本标准式(C. 2. 2-2)相同,z 的含义及 β_{h} 的取值范围同本标准式(C. 2. 2-4)。

按本标准式(C. 3. 3-2)计算时,k_{c} 的取值范围为 $0.65 \leqslant k_{\mathrm{c}} \leqslant 1.25$。

C. 3. 4 圆形断面衬砌结构动内力的修正系数

采用本标准图 C. 3. 2 计算圆形区间隧道衬砌结构在等代地震荷载作用下的构件动内力时,最大动内力值的修正系数见表 C. 3. 4。

表 C. 3. 4   圆形断面区间隧道衬砌结构最大动内力值修正系数
(惯性力法)

结构类型	弯矩	剪力	轴力
最大动内力值修正系数	1.00	0.75~0.85	1.00~1.20

注:计算中一般可取中值。

附录 D 横向水平地震作用计算中不考虑矩形框架结构对地层变形影响的反应位移法

D.1 概 述

D.1.1 目的意义

本附录以矩形地铁车站结构为例，简要叙述可用于对软土地层中的地下结构按平面应变模型进行横向水平地震作用计算的反应位移法，以便在可能情况下采用较为简便的方法对其进行抗震设计计算。

D.1.2 基本原理

反应位移法假设地下结构地震反应的计算可简化为平面应变问题，其在地震时的反应加速度、速度及位移等与周围地层保持一致。因天然地层在不同深度上的反应位移不同，地下结构在不同深度上必然产生位移差。将该位移差以强制位移形式施加在地下结构上，并将其与其他工况的荷载进行组合，即可按静力问题进行计算，得到地下结构在地震作用下的动内力和合内力。

D.2 计算原理

D.2.1 强制位移的计算

地震时地层的反应位移，可在对天然地层划分单元后，通过输入地震波进行动力有限元计算得到。一般可按二维平面应变模型进行分析和计算，并将结构物顶底面之间相对位移最大时刻的位移分布及与其相应的应力量，作为进行下一步分析的等代地震荷载。其中，结构物侧向表面的水平位移即为强制位移。

D.2.2　荷载模式

采用反应位移法计算时,地铁车站结构的计算简图如图 D.2.2 所示。图中,强制位移(即矩形框架顶底板之间周围地层变形的差值)施加在车站结构的两侧,通过地层弹簧将其转化为地震时结构周围的动土压力。结构体上同时施加了由本身质量产生的惯性力,及结构与周围地层间的切向弹簧或剪切力,共同构成荷载系统。

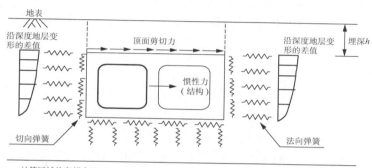

图 D.2.2　反应位移法的荷载模式

D.2.3　结构本身的惯性力

结构本身的惯性力视为集中力,作用在形心上,作用方向为水平向,量值为结构物质量乘以最大水平向地震加速度。

D.2.4　结构顶板上表面处的剪切力

横向水平地震作用下,结构顶板与上覆地层接触处由二者相互作用产生的剪切力可按下式计算:

$$\tau = \frac{G}{\pi h} S_v T_s \qquad (D.2.4)$$

式中:τ——作用在顶板上表面单位面积上的剪切力;

$\quad S_v$——作用在计算区域底部边界上的速度反应谱;

$\quad G$——地层的动剪切模量;

T_s——顶板以上地层的固有周期;

h——顶板上方地层的厚度。

D.2.5　地层动剪切模量

地层动剪切刚度模量(G)可采用由地震反应解析(等价线性解析)得出的收敛刚度,或将其取为动剪切模量初始值 G_0 的 $70\%\sim80\%$,即令 $G=(0.7\sim0.8)G_0$。

D.2.6　地震时结构周围地层的侧向动土压力

地震时结构周围地层的侧向动土压力可按下式计算:

$$p(z)=K_h \cdot \{u(z)-u(z_B)\} \qquad (D.2.6)$$

式中:$p(z)$——地震时的侧向动土压力;

K_h——地震时水平向(法向)地层基床系数;

$u(z)$——地震时距地表面深度为 z 处的地层的水平变形;

z_B——地下结构底面距地表面的深度;

$u(Z_B)$——地震时地下结构底面处地层的水平变形。

D.2.7　地震时的地层基床系数

地震时的地层基床系数可采用图 D.2.7 所示的方法通过计算确定。其中,图(a)为采用有限元方法计算时的网格图,图(b)、图(c)为其局部放大图,P_H、P_S 分别为沿结构侧向表面的法向(水平向)或切向(竖直向)作用的单位均布荷载,δ_H、δ_S 分别为侧向表面结点相应发生的法向(水平向)或切向(竖直向)位移。

将地震时法向和切向地层基床系数分别记为 K_H 和 K_S,其可按下列公式计算:

$$K_H=P_H/\delta_H \qquad (D.2.7\text{-}1)$$

$$K_S=P_S/\delta_S \qquad (D.2.7\text{-}2)$$

进行有限元计算时,地层动弹性模量 E 可由按需要验算的极限状态相应的地层动剪切模量 G 确定,按下式计算:

$$E=2(1+v)G \qquad (D.2.7\text{-}3)$$

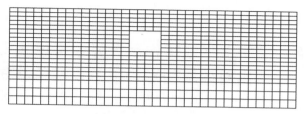

（a）二维有限元网格图

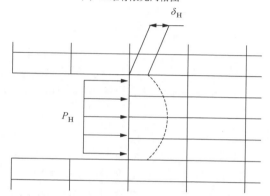

（b）地层基床系数计算有限元网格的局部放大图(法向)

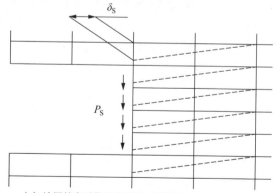

（c）地层基床系数计算有限元网格的局部放大图(切向)

图 D.2.7　地层基床系数计算方法示意

附录 E 横向水平地震作用计算中考虑矩形框架结构对地层变形影响的反应位移法

E.1 概　述

E.1.1　目的意义

本附录仍以矩形地铁车站结构为例，叙述在考虑结构对周围地层变形影响的前提下，对其按平面应变模型进行横向水平地震作用计算的反应位移法。

E.1.2　基本原理

假设矩形地铁车站结构地震反应的计算可采用平面应变模型，其在地震时的反应加速度、速度及位移等与周围地层保持一致。

基于研究表明地下结构与地层二者的剪切应变和地下结构的剪切刚度与地层剪切模量之间存在解析关系，本附录提出了可考虑二者相互影响的剪切位移计算方法。将其以强制位移的形式施加在矩形地铁车站结构上，并与其他工况的荷载进行组合，即可由静力问题的计算，得到矩形地铁车站结构在地震作用下的动内力和合内力。

E.2 计算原理

E.2.1　地层自由场位移的计算

天然地层的地震反应可采用一维等效线性化场地响应分析程序 EERA 计算，成果包括天然地层自由场的位移、剪应变和剪切模量。

计算中,天然地层被划分为厚度不大于 3 m 的单元,地震波自计算区域的底部输入。地铁车站高度范围内含有多层土体时,可按土层厚度计算其加权平均值。

E. 2. 2　强制位移的计算

1　结构剪应变与自由场剪应变之比

研究表明结构与自由场剪应变之比存在解析关系式如下式所示:

$$\frac{\gamma_1}{\gamma_{ff}}=\frac{\beta}{1+(\beta-1)\dfrac{K_1}{G}} \qquad (E. 2. 2)$$

式中:γ_1——地铁车站结构的剪应变;

γ_{ff}——自由场土体的剪应变;

K_1——车站结构的剪切刚度;

G——自由场土体的剪切模量;

β——与车站结构的宽高比 B/H 及土体泊松比 ν 有关的参数。

其中,β 值可由 B/H 及 ν 值求得,从而使式(E. 2. 2)成为可用于在以上物理量之间相互换算的关系式。

2　矩形地铁车站结构的剪切位移、剪应变和剪切刚度的确定

研究表明,矩形地铁车站结构的剪切刚度可采用简支框架模型计算,如图 E. 2. 2 所示。图中,矩形框架四周施加单位剪应力,可算得矩形框架结构的剪切位移 Δ,进而求得矩形框架的剪应变 $\gamma_1(\gamma_1=\Delta/H)$ 和剪切刚度 $K_1(K_1=1/(\Delta/H))$。

3　土与结构相互作用后结构的剪应变和强制位移

土与结构相互作用后,车站结构的剪应变 γ_1 可由式(E. 2. 2)确定,进而得到车站结构的强制位移。

E. 2. 3　结构动内力的计算

地铁车站框架结构的动内力仍采用图 E. 2. 2 所示的简支框

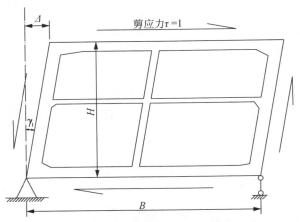

图 E.2.2　地铁车站结构简支框架模型

架模型计算。

　　对简支框架结构施加强制位移,令剪应力 τ 为车站结构的剪切刚度(K_1)与剪应变(γ_1)的乘积,即可求得地层与结构相互作用情况下的地铁车站框架结构动内力值。

附录 F 软土地铁区间隧道纵向地震反应的分析方法

F.1 弹性地基梁解析法

F.1.1 区间隧道处于沿纵向均质分布的地层中时,可将其简化为弹性地基上的直梁,采用本附录的解析法计算纵向地震反应。

F.1.2 区间隧道简化为弹性地基上的直梁计算纵向地震反应时,均质地层的作用简化为地基弹簧,地震位移施加于地基弹簧远离衬砌结构的一端(图 F.1.2),采用本附录第 F.1.3 条的公式,计算隧道衬砌结构由纵向地震反应引起的最大动内力。

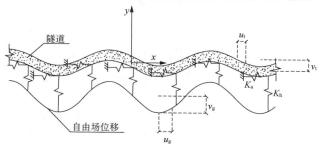

图 F.1.2 地基弹簧

图中,u_g 为地层沿轴线位移,v_g 为地层垂直轴线位移,u_t 为隧道沿轴线方向位移,v_t 为隧道垂直轴线方向的位移,K_h 为地基土法向弹簧刚度系数,K_a 为切向弹簧刚度系数。

F.1.3 隧道衬砌结构沿水平纵向的最大动内力可按下列公式计算:

动弯矩响应 $M_{t,max}$:

$$M_{t,max} = \frac{K_h u(z) \left(\frac{2\pi}{\lambda_w}\right)^2 \cos^3 \phi}{\frac{K_h}{EI} + \left(\frac{2\pi}{\lambda_w}\right)^4 \cos^4 \phi} \quad \text{(F.1.3-1)}$$

动剪力响应 $Q_{t,\max}$：

$$Q_{t,\max} = \frac{K_h u(z)\left(\dfrac{2\pi}{\lambda_w}\right)^3 \cos^4\phi}{\dfrac{K_h}{EI} + \left(\dfrac{2\pi}{\lambda_w}\right)^4 \cos^4\phi} \tag{F.1.3-2}$$

动轴力响应 $N_{t,\max}$：

$$N_{t,\max} = \frac{K_a u(z)\left(\dfrac{2\pi}{\lambda_w}\right)\sin\phi\cos\phi}{\dfrac{K_a}{EA} + \left(\dfrac{2\pi}{\lambda_w}\right)^2 \cos^2\phi} \tag{F.1.3-3}$$

式中：$M_{t,\max}$、$N_{t,\max}$、$Q_{t,\max}$——分别为衬砌结构的动弯矩、动剪力和动轴力。

EI——纵向等效抗弯刚度。

$u(z)$——地表以下深度 z 处的纵向相对位移。

K_h、K_a——分别为地基土法向、切向弹簧刚度系数。

λ_w——入射地震位移的波长。在计算时可取地震波主频所对应的波长。

ϕ——地震波入射方向和隧道轴线的夹角。在弯矩、剪力计算中取 $\phi = 0°$，轴力计算可取 $\phi = 75°$。

A——隧道衬砌截面积。

E——隧道衬砌弹性模量。

F.1.4 隧道纵向等效抗弯刚度 EI 可按下列公式计算：

$$EI = \cfrac{l}{\cfrac{1}{\cfrac{E_1 K_1}{l_1} + \cfrac{n E_b A_b K_2}{A_s l_1}} + \cfrac{1}{\cfrac{E_2 J_1}{l_2} + \cfrac{E_2 J_2}{l_2 [1 + E_2 A_s / (n E_b A_b)]}} + \cfrac{(l - l_1 - l_2)}{E_2 I_2}}$$

$$\text{(F.1.4-1)}$$

$$J_1 = 0.04355 D^3 t \qquad \text{(F.1.4-2)}$$

$$J_2 = 0.5070 D^3 t \qquad \text{(F.1.4-3)}$$

$$K_1 = 0.0006939 D^3 t \qquad \text{(F.1.4-4)}$$

$$K_2 = 1.020 D^3 t \qquad \text{(F.1.4-5)}$$

式中：D——隧道外径；

t——衬砌壁厚；

l——环宽；

l_1——橡胶垫层区段长度；

l_2——螺栓区段长度；

A_s——衬砌横截面面积；

A_b——螺栓等效截面面积；

E_1——橡胶圈弹性模量；

E——衬砌混凝土弹性模量；

E_b——螺栓弹性模量；

I_2——隧道横截面惯性矩；

n——螺栓数量。

图 F.1.4 所示为相关计算参数示意。

F.1.5 对地层均匀、结构断面一致且未进行工程场地地震安全性评价工作的，地层位移 $u(z)$ 可按下式计算：

$$u(z) = u_{\max} \cos \frac{\pi z}{2H} \qquad \text{(F.1.5)}$$

式中：$u_{\max}$——场地地表纵向最大相对位移，即地表沿隧道轴向

1/4 波长的最大相对位移,根据自由场场地分析选取。设防烈度下的计算可取 $u_{max}=0.0014$ m。

H——地表至地震作用基准面的距离,$H=70$ m。

z——地下结构轴线埋深。

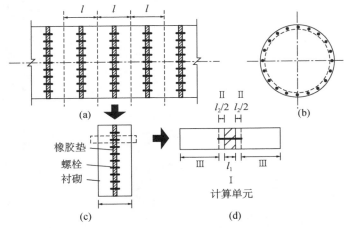

图 F.1.4 相关计算参数示意

F.1.6 地基土弹簧刚度可按下列公式计算:

$$K_h = \frac{16\pi\rho V_s^2(1-\nu)}{3-4\nu}\frac{D}{\lambda_w} \qquad (\text{F.1.6-1})$$

$$K_a = K_h \qquad (\text{F.1.6-2})$$

式中:K_h——沿地下结构轴线法向拉压地基弹簧刚度;

$\quad K_a$——沿地下结构轴线切向剪切地基弹簧刚度;

$\quad \rho$——土层密度;

$\quad V_s$——土层剪切波速;

$\quad \nu$——土层泊松比;

$\quad D$——隧道直径;

$\quad \lambda_w$——入射地震位移的波长,在计算时可取地震波主频所对应的波长。

F.2 时程分析计算法

F.2.1 当隧道衬砌穿越复杂地层时,可将由自由场场地地震效应时程分析得到的结构轴线处的地层位移作为地层强制位移,施加于纵向梁-弹簧模型中地层弹簧远离结构的一端,进行时程分析,并利用变形传递系数计算隧道的地震响应,如图 F.2.1 所示。

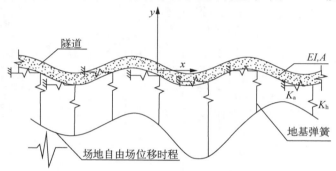

图 F.2.1 复杂场地时程分析计算示意

F.2.2 隧道纵向地震反应的计算应给出沿纵向的拉压应力和弯曲应力。

F.2.3 隧道结构可用梁单元建模,变形缝可采用非对称拉压非线性弹簧模型。

F.2.4 地基弹簧刚度可按本标准第 F.1 节进行计算。

本标准用词说明

1　为了便于在执行本标准条文时区别对待,对要求严格程度不同的规定分别采用以下用词:

1)　表示很严格,非这样做不可的用词:

正面词采用"必须"或"须";

反面词采用"严禁"。

2)　表示严格,在正常情况下均应这样做的用词:

正面词采用"应";

反面词采用"不应"或"不得"。

3)　表示允许稍有选择,在条件许可时首先应这样做的用词:

正面词采用"宜";

反面词采用"不宜"。

4)　表示有选择,在一定条件下可以这样做的用词,采用"可"。

2　标准中指定应按其他有关标准、规范执行时,用语为"应符合……的规定(或要求)",或"应按……执行"。

引用标准名录

1 《建筑抗震设计规范》GB 50011
2 《混凝土结构工程施工质量验收规范》GB 50204
3 《建筑工程抗震设防分类标准》GB 50223
4 《建筑结构可靠性设计统一标准》GB 50068
5 《核电厂抗震设计标准》GB 50267
6 《混凝土结构设计规范》GB 50010
7 《城市轨道交通结构抗震设计规范》GB 50909
8 《建筑与市政工程抗震通用规范》GB 55002
9 《厚度方向性能钢板》GB/T 5313
10 《工程结构设计基本术语标准》GB/T 50083
11 《地下结构抗震设计标准》GB/T 51836
12 《岩土工程勘察规范》DGJ 08—37
13 《地基基础设计标准》DGJ 08—11
14 《建筑抗震设计标准》DG/TJ 08—9

上海市工程建设规范

地下铁道结构抗震设计标准

DG/TJ 08—2064—2022
J 11527—2022

条 文 说 明

目　次

Contents

1 总 则

1.0.1 对地下铁道(以下简称地铁)结构的抗震设计,迟至本标准第一版颁布前,我国尚未制定规范。原因主要是在 1976 年 7 月 28 日发生的唐山地震(里氏 7.8 级)中,地面建筑多数倒塌,而北京、天津的地铁结构及京、津、唐地区的其他地下结构均仅遭受轻微震害,以及在 1995 年 1 月 17 日日本发生阪神地震(里氏 7.2 级的直下型地震)前,世界范围内的地铁结构在历次强震中均未发生严重震害,因而对地铁结构的抗震设计以往并未引起重视。阪神地震发生后,上海市政府对本市的地下结构,尤其是地铁结构的抗震能力的可靠性已高度重视,陆续支持了数项课题的研究,主要包括:20 世纪 90 年代陆宗良、郑德顺等开展的关于地铁抗震设计计算方法的研究;蒋通承担的"上海市盾构法隧道的抗震设计研究";周健承担的"上海软土地下建筑物抗震稳定分析"(1995—1998);杨林德等承担的"上海市地铁区间隧道和车站的地震灾害与防治对策研究"(1997—1999)、"上海地铁车站抗震设计方法研究"(1999—2002),"上海市地下铁道建、构筑物抗震设计指南"(2003—2005)及"《上海市地下铁道建筑结构抗震设计规范》研究"(2008—2009)。其中,"上海地铁车站抗震设计方法研究"直接以振动台模型试验对软土地铁结构建立和验证抗震设计计算方法。鉴于这类振动台模型试验在国内尚属首次,试验过程中遇到许多难题,但因备受关注和准备充分而十分成功,为制定软土地铁结构抗震设计方法奠定了基础。然而,由于地铁结构的多样性和环境条件的复杂性,此后对软土地铁结构的抗震设计先立项制定了指南,后以指南为基础,在原上海市建设和交通工作委员会及上海申通轨道交通研究咨询有限公司的支持下,在上海市隧道工程轨道交通设计研究院和上海市地震局等积极参与下，继续开展制定规范的研究。本标准条文的内容涵盖软土地铁结构抗震设计与计算的主要方面，因此，可为实行本条提出的以预防为主的方针提供支撑条件。

1.0.2 震害调查表明，软土地基对建筑结构的震害有放大作用。上海市的地表被第四纪冲洪积层覆盖，绝大多数地区软土地基厚度在 200 m 以上，因此，环境条件方面软土地基对建筑结构震害的影响尤其明显。鉴于上海多数地区软土地层的沉积层序和性质都较一致，及构成本标准条文基础的研究成果均以上海市的地理环境、土层分布及基岩埋深等为背景，因而本条指明本标准适用于上海市城市轨道交通新建及改扩建地铁结构的抗震设计。

应予指出，本标准地铁结构抗震设计的原理与方法对机场快线等地下结构的抗震设计也适用。

1.0.3 本条对术语"地铁结构"的含义作了限定，原因主要是术语"地下铁道"的含义通常包括引出地面的线路和车站，相应的地铁结构既有地面建筑结构，又有高架线路和车站。其中，地面建筑结构可参照现行国家标准《建筑抗震设计规范》GB 50011 进行抗震设计，高架线路与车站的地震反应则既不同于地下结构，与普通地面建筑相比也有差异，因而本条提出本标准的术语"地铁结构"不包括属于地铁系统的地面建筑及高架线路与车站。

此外，本次修订将术语"地铁结构"的含义扩大为包含属于城市地铁系统的地下变电站、地下中央控制室及区间隧道的联络通道，因为他们的存在环境和抗震设计方法与地面以下的地铁车站和区间隧道基本相同。

1.0.4 本标准对地铁结构的抗震设防目标的提法，与国家标准《建筑抗震设计规范》GB 50011—2010 第 1.0.1 条对建筑结构的抗震设防目标的提法有区别。即对其规定了当遭受相当于本地区抗震设防烈度的地震影响时，主体结构不受损坏或不需进行修理可继续使用，而不是仅当遭受低于本地区抗震设防烈度的多遇地震影响时,主体结构可不受损坏或不需进行修理可继续使用;以及规定了当遭受高于本地区抗震设防烈度的预估的罕遇地震影响时,结构的损坏经一般性修理仍可继续使用,而不是在遭受高于本地区抗震设防烈度的预估的罕遇地震影响时,结构不致倒塌或发生危及生命的严重破坏。

如按国家标准《建筑抗震设计规范》GB 50011—2010 提出的抗震设防三个水准性能目标理解,本标准对地铁结构提出的抗震设防目标为"中震不坏,大震可修"。即与一般建筑结构相比较,地铁结构的抗震设防目标要求提高了一档。原因主要是地铁结构在维持城市正常运转中地位重要,而一旦损坏通常很难修复;单体严重破坏将直接导致运行中断和系统失效;结构抗裂要求高,严重破损时可因持续渗流而导致承载力降低及设备受损,从而导致系统失效;以及按多遇地震计算时其地震反应弱于地面建筑,适当提高抗力档次一般并不导致造价提高。所以,其抗震设防目标要求应高于地面建筑。

根据本条提出的目标,本标准第 3.6.1 条中规定了"地铁结构应进行 7 度抗震设防烈度作用下的内力和变形分析,并假定结构和构件处于弹性工作状态;形状不规则且具有明显薄弱部位、可能导致地震时严重破坏的地铁车站,以及枢纽站、采用多层框架结构的地下换乘站、地下变电站及中央控制室等枢纽建筑和区间隧道,应按预估的罕遇地震参数进行变形分析,并假定结构和构件处于弹塑性工作状态"。本标准第 5.1.1 条第 1 款中规定了"枢纽站、采用复杂多层框架结构的地下换乘站,以及地基地质条件明显变化的区间隧道区段,必要时尚应计入竖向地震作用"。本标准第 5.1.4 条中规定了"进行结构抗震验算时,应进行抗震设防烈度作用下的截面强度抗震验算和抗震变形验算,及预估的罕遇地震作用下的抗震变形验算"。本标准第 3.1.3 条中规定了"抗震构造措施应符合抗震设防烈度 8 度的要求"。对本条的其余理解,可参见国家标准《建筑抗震设计规范》GB 50011—

2010 第 1.0.1 条的条文说明。

应予指出,本条所说"主体结构"是指具体设计对象的主体结构,包括系统所属"附属结构"的主体结构。它们也应不受损坏,或不需进行修理。

1.0.5 对上海市的抗震设防,上海市政府(上海市科学技术委员会和上海市住房和城乡建设管理委员会)已通过课题"上海市地震动参数区划"对地震动参数的合理取值进行了研究,所获成果已通过国家地震安全性评定委员会审定。鉴于国家规定"对已编制抗震设防区划的城市,可按批准的抗震设防烈度或设计地震动参数进行抗震设防",因而本标准规定上海市地铁结构的抗震设防烈度按"上海市地震动参数区划"取值。

2 术语和符号

2.1 术 语

鉴于地铁结构经受的地震作用与一般建筑结构相同,本标准采用的术语与国家标准《建筑抗震设计规范》GB 50011—2010 相同。此外,鉴于本次修订增加了抗震性能化设计的内容,从而增加了术语"抗震性能化设计"。

2.1.2 抗震设防标准是一种衡量建筑结构抗震能力的综合尺度,既取决于地震强弱的不同,又取决于使用功能重要性的差异。

2.1.3 对地震作用的定义强调了作用的动态性质。内涵不仅是指加速度的作用,而且包括地震动速度和位移的作用。

2.1.9,2.1.10 通过术语"抗震措施"和"抗震构造措施"的定义,明确了二者的区别,抗震构造措施是抗震措施的组成部分。

2.1.11 抗震性能化设计是本次修订的新增术语,内涵涉及抗震性能水准和抗震性能目标等概念。

3 抗震设计的基本要求

3.1 建筑结构抗震设防分类和设防标准

本节条文根据现行国家标准《建筑工程抗震设防分类标准》GB 50223 的有关规定,以及上海市关于建筑抗震设防的研究成果,对上海市的地铁结构明确抗震设防类别和设防标准。地铁建筑属于城镇交通设施,故除个别重要工程外,地铁建筑的抗震设防类别应划为重点设防类(乙类),抗震构造措施应按提高 1 度的要求设防。对抗震设防烈度,本节根据上海市工程建设规范《建筑抗震设计标准》DGJ 08—9—2020 的相关条文,规定上海市地铁结构的抗震设防烈度为 7 度。

建筑场地的地震安全性评价,通常按给定设计年限内不同超越概率的地震动参数评价安全性。这类工作应由具备资质的单位按相关规定执行,评价结果需要按规定的权限审批。

3.2 地震影响

3.2.1 本标准中的"设计基本地震加速度值",是指 50 年设计基准期超越概率 10% 的地震加速度的设计取值。

3.2.2 鉴于地铁结构在地基中埋置,及地震加速度时程宜在计算区域的下部边界上输入,表 3.2.2 同时给出了地表及地下 70 m 深处的取值($0.10 g$ 及 $0.07 g$)。70 m 为上海软土地基中地质钻孔的常见深度之一。地基深度并非 70 m 时,取值应通过计算确定,计算方法可采用根据一维波衰减理论建立的方法。研究表明,深度小于 70 m 时也可采用线性内插方法通过计算确定;大于

70 m 但相差不多时,则可采用线性外延方法。

3.2.3 本标准中的"设计特征周期"是指地震影响系数曲线开始下降处的结构自振周期 T_g,简称"特征周期"。上海市工程建设规范《建筑抗震设计标准》DGJ 08—9—2020 中规定,多遇地震及设防烈度地震作用下本市Ⅲ类场地的设计特征周期采用 0.65 s,Ⅳ类场地取 0.90 s,罕遇地震作用下Ⅲ类、Ⅳ类场地都取 1.10 s。

3.3 场地和地基

3.3.1 除地震动是引起结构破坏的直接原因外,场地条件恶化也常是地震造成地铁结构破坏的原因,例如,地震引起地表错动与地裂,地基土不均匀沉陷、滑坡和粉、砂土液化等。因此,地铁线路的布置宜选择有利地段,避开不利地段并不在危险的地段建设。

一般说来,上海市地基土层的展布较平坦,构造较均一,且多为淤泥质黏土或黏质砂土,地形也较平坦,因而抗震稳定性较好。不利地段主要是浅部满布易于液化的砂质粉土的局部地区,场地易发生侧向变形的顺延河道走向的地区,大面积暗浜区域,及新近沉积的(欠固结)填土区域,尤其是具有两种情况以上的地区。在上海市,选择地铁线路时应避开这些地区,或以最短距离穿越这些地区,如尽量使地铁线路的走向与河道走向近于垂直等。

危险地段常指发生地陷、地裂、滑坡、泥石流及由断裂产生地表错动等地段。这些地质现象常与区域地震活动有关,上海迄今并无可能出现这些现象的先兆,但因市区范围和工程活动规模都在扩大,所以仍将这一规定列出,以引起注意。

3.3.2 地铁建筑在隧道与车站、隧道与风井、车站与出入口等的结合部上,结构刚度分布常有明显的不同,需要仔细分析各部分地基地震反应差异的影响,必要时将其视为不同结构单元,对地基采取相应的措施。

3.4 建筑设计和结构的规则性

3.4.1 本条主要是对建筑师的建筑设计方案提出要求。即建筑设计应符合抗震概念设计的原则,注意采用规则的建筑设计方案,尤其应避免采用严重不规则的设计方案。

规则的建筑结构体现为体型(平面和立面的形状)简单,抗侧力体系的刚度和承载力上下变化连续、均匀,及平面布置基本对称。即在平面、竖向图形或抗侧力体系上,没有明显的、实质的不连续(突变)。

规则与不规则的区分,现行国家标准《建筑抗震设计规范》GB 50011 在有关条款中给出了一些定量界限,但因可引起建筑结构不规则的因素很多,很难一一用若干简化定量指标划分不规则程度并规定限制范围,故需建筑设计人员根据经验估计建筑方案的抗震性能,区分不规则、特别不规则和严重不规则等不规则程度,避免采用抗震性能差的严重不规则的设计方案。

3.4.2 本条对地铁结构规则性的含义作了进一步叙述,将其归纳为结构布置规则、对称、平顺及整体性强。其中,"平顺"主要是指形状和构造不沿纵轴线经常变化。研究表明水平地震作用下,地下结构地震反应的规律与结构布置的规则性关系密切,形状不规则常可导致个别构件的动内力剧烈增加,从而成为结构体系抗震承载能力的薄弱环节。因而地铁结构的布置,在纵向和横剖面上都应同时注意形状变化的平顺性,避免刚度和承载力突然变化。

3.4.3 国家标准《建筑抗震设计规范》GB 50011—2010 对规则与不规则结构作出了定量划分,并规定了相应的设计计算要求,但对容易避免或危害性较小的不规则问题未作规定。该标准使用对象原为房屋建筑结构,本标准将其参照引用于形状、结构特征相仿的地铁车站结构,有关规定的合理性原则上需予论证。

3.5 结构体系

3.5.1 结构抗震体系应通过综合分析确定。本条文列出了应予考虑的因素,然而由于地铁结构通常受到地层的约束,进行分析时尤其应考虑场地和地基条件特征的影响。

3.5.2,3.5.3 受力明确、传力路线合理且不间断,对提高结构的抗震性能十分有利,因而是结构选型和布置抗侧力体系时需要首先考虑的因素。

地铁结构抗震设计中,车站结构和区间隧道都易形成满足上述要求的抗震结构体系。然而,由于车站结构常为包含楼板和立柱的框架结构,各组成构件的地震反应常有差异,所以,导致抗震性能的安全度各组成构件互不相同,进行抗震设计时应注意使各结构构件的刚度(主要取决于构件的横截面形状和尺寸)互相匹配,以免经受地震时因某个构件失效导致结构整体破坏。

3.5.4 钢筋混凝土构件抗震性能较好,但如处理不当,也可造成不可修复的脆性破坏,包括混凝土压碎、构件剪切破坏、钢筋锚固部分拉脱(粘结破坏)等,应通过采用本条文所述的规则力求避免。

3.5.5 本条指出了主体结构构件之间的连接应遵守的规则:通过确保连接的承载力,发挥各构件的承载力和变形能力,从而使整个结构具有良好的抗震能力。

3.6 结构分析

3.6.1 按本标准第1.0.4条,地铁结构遭受相当于本地区抗震设防烈度的地震影响时,主体结构不受损坏或不需进行修理即可继续使用,因而设防烈度作用下的内力和变形分析是对地铁结构的地震反应、截面承载力验算和变形验算的最基本要求。与此相应,在设防烈度作用下,结构的地震反应的分析方法、截面抗震验算(按照现行国家标准《建筑结构可靠度设计统一标准》GB 50068 的基本要求)以及层间弹性位移的验算都以线弹性理论为基础,因此本条提出,对地铁结构进行设防烈度作用下的内力和变形分析时,可假定结构与构件处于弹塑性工作状态。

本标准第 1.0.4 条同时规定,当地铁结构遭受高于本地区抗震设防烈度的预估的罕遇地震影响时,结构的损坏经一般性修理仍可继续使用,抗震设计中对其应采取相应的措施。鉴于体型和抗侧力体系复杂时,结构薄弱部位将发生应力集中和弹塑性变形较大的现象,严重时会导致破坏甚至有倒塌的危险,故有必要对其采用弹塑性分析方法以检验结构的抗变形能力。因此,本条对形状不规则且具有明显薄弱部位、可能导致地震时严重破坏的地铁车站,以及枢纽站、采用多层框架结构的地下换乘站、地下变电站及中央控制室等枢纽建筑和区间隧道,规定应进行预估的罕遇地震作用下的变形分析,并假设结构和构件处于弹塑性工作状态。

3.6.2 对弹性工作状态下地铁结构地震反应的计算,本标准建议了三种方法。其中,弹性时程分析法有普遍适用性,但便捷程度不如等代地震荷载法和反应位移法。后两种方法的缺点是一般只适用于平面应变模型的计算。工程设计中,可根据结构特点在三种方法中选择合适的方法对其计算弹性工作状态下的地震反应。

3.6.3 考虑到非线性分析的难度较大,本标准建议对地铁车站结构等钢筋混凝土框架结构,可采用本标准中式(5.6.2)的简化公式计算结构在罕遇地震作用下薄弱层的弹塑性层间位移。

3.6.4 地铁车站通常纵向长度较长,区间隧道更属线形结构,故常可按平面应变模型进行地震作用的计算。但在结构形状、埋深或周围地层土性发生明显变化的部位,仍应按空间结构模型计算。

3.6.5 附属于地下铁道的地面建筑及竖向通风口等属于地面建筑,抗震设计的计算方法应与地面结构相同。

3.6.6 本条主要依据现行《建筑工程设计文件编制深度规定》,要求使用计算机进行抗震分析时,应对软件的功能有切实的了解,计算模型的选取必须符合结构的实际工作情况,计算软件的技术条件应符合规范及有关强制性标准的规定,设计时应对所获计算结果进行判别,确认其合理有效后方可在设计中应用。

现有程序中,FLAC 能较好模拟地基土的动力特性。"同济曙光岩土及地下工程设计与施工分析软件 GeoFBA"能方便地进行地下结构静力问题的计算。上海市隧道工程轨道交通设计研究院的"地下结构抗震计算软件 STEDI SAUS",上海市城市建设设计研究总院(集团)有限公司的"轨道交通地下结构抗震设计软件 SDSS V1.0",均可供工程设计采用。

3.7 抗震性能化设计

3.7.1 地铁结构采用抗震性能化设计是本次修订运用的理念。

抗震性能化设计仍然以现有抗震科学水平和经济条件为前提,一般需要综合考虑使用功能、设防烈度、结构的不规则程度类型,以及结构发挥延性变形的能力、造价、震后损失及修复难度等因素。应考虑到当前的技术和经济条件,逐步发展抗震性能化设计方法。

3.7.3 本条规定了采用抗震性能化设计时计算的注意事项。可以看到,对地铁结构采用抗震性能化设计尚处于起步阶段,试验和数据还有待进一步验证和积累,设计方法还需要进一步研究和逐步完善。

3.7.4 本条属于原则规定,具体可参照现行国家标准《建筑抗震设计规范》GB 50011 或《城市轨道交通结构抗震设计规范》GB 50909 中对类似结构及其构件的规定。

3.8　非结构构件

非结构构件包括建筑非结构构件和建筑附属机电设备等。

建筑非结构构件在地震中的破坏允许大于结构构件,其抗震设防目标可低于本标准第 1.0.4 条的规定。但非结构构件的地震破坏也可影响安全和使用功能,对其仍需引起重视。非结构构件和主体结构的连接应通过进行抗震设计妥善处理,使其在地震时不至掉落伤人,及防止发生其他附加灾害和减少损失。

建筑附属机电设备等的抗震设计,应由相关专业人员负责,并建议在设计过程中对其专门建立校验制度。

3.9　结构材料与施工

本节条文引自国家标准《建筑抗震设计规范》GB 50011—2010,条文说明,可参见该规范第 3.9.1 条~第 3.9.5 条的条文说明。其中,第 3.9.3 条的内容参照上海市工程建设规范《建筑抗震设计标准》DGJ 08—9—2020 第 3.9.3 条的内容作了修改。

区别是上述规范将钢筋混凝土房屋按结构类型和设防烈度划分抗震等级,并按抗震等级对材料要求提出规定,其做法对地下结构不能套用。本节条文为参照设计院的经验,在将地铁结构比照为抗震等级二级的钢筋混凝土框架结构的基础上,同时考虑本市的设计经验后提出的规定。

3.10　地铁建筑的地震反应观测系统

对建筑物设置地震反应观测系统有助于通过采集地震反应信息改进抗震设计方法。本节对其提出,应根据结构类型、规模、地质条件和周围环境等差异,考虑对本市车站和区间隧道选定代表性工程或区段设置地震反应观测系统的要求,并建议了对观测仪器和信息传输线路应预留设置部位。

　　工程设计中,宜对各类结构的地震反应的观测分别确定目的、方法和要求。

4 场地、地基和基础

4.1 场 地

4.1.1 除对湖沼平原区的规定外,本条内容主要参照上海市工程建设规范《地基基础设计标准》DGJ 08—11—2018第8.1.1条,条文说明可参见该标准第8.1.1条的条文说明。

以往研究表明,本市湖沼平原区较普遍分布的浅部硬土层④$_{-1}$、粉土或砂土层④$_{-3}$,其20 m深度范围内的等效波速大于140 m/s;另外,局部②$_{-3}$层厚度大且稍密到中密时,其等效波速也大于140 m/s,按国家标准均可判定为Ⅲ类场地。因此,本市地铁线路的不同区段其实可能分别属于Ⅲ、Ⅳ类场地。

4.1.2 场地选择与地基抗震稳定性有关,可参见本标准第3.3.1条的条文说明。

4.1.3 活动断层按时间下限定义为中更新世以来活动过的断裂构造。由于活动断层本身的断裂活动或附近地区的地震诱发该断层发生的断裂活动,可使横穿断层或在断层附近建造的地下结构产生错位或被拉断,而地铁工程又不像单体建筑那样易于通过合理选址避开断裂带,所以,选择建设场地时应就断裂的活动性对地铁结构可能造成的破坏进行评价,并根据评价结果进行抗震设计。

4.1.4 本条内容参照上海市工程建设规范《建筑抗震设计标准》DGJ 08—9—2020第4.1.3条起草,条文说明可参见该标准第4.1.3条的说明。

区别是本标准未提"必要时应提供场地反应谱或场地地震输入时程曲线"的要求,原因是本市在对地铁线路进行地震安全性评价时,一般已给出这些资料。

4.2 天然地基和基础

4.2.1,4.2.2 本节规定引自对上海市工程建设规范《地基基础设计规范》DGJ 08—11—1999 开展修订研究取得的成果。与1999 年的规范相比较,仍沿用了"地基承载力抗震调整系数",但地震作用效应的表述已由"标准组合"改为"基本组合",使其与结构材料承载力的检验相一致。

在天然地基抗震验算中,对地基土抗震承载力调整系数的规定,主要是参考国内外资料和相关规范的规定,考虑了地基土在有限次循环动力作用下强度一般较静强度高,以及在地震作用下结构可靠度容许有一定程度降低这两个因素的综合影响。

地基基础的抗震验算,一般采用"拟静力法",即假定地震作用如同静力,在这种条件下验算地基和基础的承载力和稳定性。所列公式主要参考相关规范的规定提出,压应力的计算应采用地震作用效应的基本组合。

4.3 液化土和软土地基

4.3.1 1995 年 1 月 17 日,日本发生的阪神地震中,地下 20 m 深处也发生了砂土液化现象,由此使深层液化判别问题引起重视。本条规定是参考国家标准《建筑抗震设计规范》GB 50011—2010 第 4.3.2 条有关液化判别和处理的规定,条文说明可参见该标准第 4.3.2 条的条文说明。

4.3.2~4.3.5 此 4 条主要参考了上海市工程建设规范《地基基础设计标准》DGJ 08—11—2018 的第 8.2.2 条和第 8.2.3 条的相关规定,条文说明可参见该标准第 8.2.2 条和第 8.2.3 条的条文说明。

4.3.6～4.3.8 此 3 条引自上海市工程建设规范《地基基础设计标准》DGJ 08—11—2018 第 8.2.4 条,有关注释可参见该标准第 8.2.4 条的条文说明。

此 3 条提供了预估液化危害程度的简化方法,以便为采取工程措施提供依据。

其中,液化指数表达式的特点是液化指数 I_{IE} 为无量纲参数,权函数 W 具有量纲 m^{-1}。

液化等级分为轻微、中等和严重三级。根据我国上百个液化震害资料的统计,轻微液化是指虽有液化,但对建筑结构危害轻微的情况;中等液化可能造成结构不均匀沉陷和开裂,有时不均匀沉陷可达到 200 mm,具有较大的危害性;严重液化的不均匀沉陷可能大于 200 mm,在隧道与车站、隧道与风井的连接部位发生时,可导致接头结构开裂,造成严重破坏。

另需说明的是,地铁线路属于线状结构,宜按工程地质单元对其分段进行液化判别,而不是简单地取平均值。

4.3.9 抗液化措施是指对液化地基进行综合治理的措施。

表 4.3.9 涉及的消除地基液化沉陷措施为可供建筑物地基采用的抗液化措施,本标准将其用于加固地铁结构的地基,可起消除液化的作用,或减轻其影响。

本条主要参考上海市工程建设规范《地基基础设计标准》DGJ 08—11—2018 第 8.2.5 条编号。其中,全部消除地基液化沉陷措施有桩基、加大基础埋置深度、深层加固至液化层下界或挖除全部液化土层等;部分消除地基液化沉陷的措施如加固或挖除一部分液化土层等,将永久围护结构嵌入非液化土层也可作为部分消除地基液化的措施;基础和上部结构处理一般指减小不均匀沉降或使结构物更好适应不均匀沉降的措施。

研究表明,地基液化的危害常来自基础外侧,因为这里出现的液化区将使基础直下方未液化的地基部分失去侧边土压力的支持,由此导致结构发生严重沉降。在外侧易液化区的影响得到控制的情况下,轻微液化的土层仍可作为基础的持力层。

4.3.10,4.3.11 此2条引自上海市工程建设规范《建筑抗震设计标准》DGJ 08—9—2020第4.2.5条~第4.2.6条,内容原为可供建筑物地基采用的消除液化震陷和减轻液化影响的具体措施,本标准经挑选后将其用于加固地铁结构的地基。这些措施都是在震害调查和分析判断的基础上提出的措施,具有可操作性。条文说明可参考该标准第4.2.5条~第4.2.6条的条文说明,注意个别内容已根据上海市工程建设规范《地基基础设计标准》DGJ 08—11—2018进行修改。

4.3.12 本条明确了有可能发生土体侧向滑动的情况,并参考相关规范的规定对其提出了应采取措施防止土体滑动和结构开裂的要求。

4.3.13 地铁车站和区间隧道周围存在范围较大的液化土层时,地震时结构有可能发生上浮,故有必要验算其抗浮稳定性,并在必要时对其采取抗浮措施。

4.3.14 本条用于为建造在存在液化土层的地基中的地铁结构进行抗浮稳定验算提供基础数据。内容主要来自上海市工程建设规范《地基基础设计标准》DGJ 08—11—2018表8.4.4。研究表明,摩擦桩及地铁结构周边地层的摩阻力主要取决于液化强度比,故对已采取措施加固的地基,可根据实测强度比确定液化土层的摩阻力折减系数。

5 地震作用和结构抗震验算

5.1 一般规定

5.1.1 抗震设计计算中,地铁结构承受的"地震力"实际上是由地震地面运动引起的动态作用,包括地震加速度、地震动速度和位移的作用等。按照现行国家标准《工程结构设计基本术语标准》GB/T 50083 的规定,这类作用应属间接作用,故不可称为"荷载",而应称为"地震作用"。

本条主要按地震作用的方向规定软土地铁结构地震作用的分析要求。

抗震设防烈度为 7 度时,地震反应的计算一般不要求计及竖向地震作用的影响。本标准则因认为在厚层软土地层中建造的线形地下结构,尤其是刚度变化较大的地铁车站和在土性变化较大的地层中穿越的区间隧道,地震时存在发生较大纵向不均匀沉降的可能,因而必要时对其仍有计及竖向地震作用影响的必要。

5.1.2 不同的结构采用不同的分析方法在各国抗震规范中均有体现。对地铁结构,反应位移法和时程分析法及其简化算法等代地震荷载法——等代水平地震加速度法和惯性力法,都是常用的计算方法,工程设计中可根据需要选用。

进行时程分析时,鉴于各条地震波输入的时程分析结果不同,本条规定根据小样本容量下的计算结果估计地震效应值。统计分析表明,若选用不少于 2 条实际记录和 1 条人工模拟的加速度时程曲线作为输入,计算的平均地震效应值不小于大样本容量平均值的保证率在 85% 以上,而且一般不会偏差很多,使其平均地震影响系数曲线与条文所给地震影响系数曲线相比较,二者可在统计意义上相符,即在各个周期点上相差不大于 20%。

正确选择输入的地震加速度时程曲线,应满足地震动三要素的要求,即频谱特性、地震加速度有效峰值和持续时间均符合规定。

频谱特性可用地震影响系数曲线表征,其中多遇地震及设防烈度地震作用下上海Ⅲ类场地采用 $T_g = 0.65$ s,Ⅳ类场地采用 0.90 s,罕遇地震作用下Ⅲ类、Ⅳ类场地都取 1.10 s。

地震加速度有效峰值为地震影响系数最大值除以放大系数(约 2.25)得到,对地震设防烈度为 100 cm/s^2,罕遇地震则为 200 cm/s^2。

持续时间,不论是实际的强震记录还是人工模拟波形,一般为结构基本周期的 5 倍～10 倍。

采用地层-结构时程分析法计算时,设防烈度作用下地层土体的动力特性处于非线性弹性状态,即服从 Davidenkov 模型;罕遇地震下除土体动力特性仍服从 Davidenkov 模型外,结构构件处于弹塑性受力状态,即构件已出现塑性铰。

反应位移法的计算原理见本标准附录 D、附录 E 和附录 F,其中,附录 D 和附录 E 适用于横向地震反应的分析,附录 F 适用于纵向地震反应的分析。附录 D 为按自由场计算地层位移的反应位移法。附录 E 为可考虑结构对地层变形影响的反应位移法。第 F.1 节为弹性地基梁解析法,适用于均质地层中区间隧道纵向地震反应的计算;第 F.2 节为时程分析计算法,适用于一般情况下地铁车站和区间隧道衬砌结构的纵向地震反应的计算。

罕遇地震下结构变形的计算方法,可参见本标准第 3.6.3 条的条文说明。

5.1.3 按现行国家标准《建筑结构可靠度设计统一标准》GB 50068 的原则规定,将地震发生时恒荷载与其他重力荷载可能的组合结果,即永久荷载标准值与有关可变荷载组合值之和总称为"抗震设计的重力荷载代表值 G_E"。组合值系数取自国家标准《建筑抗震设计规范》GB 50011—2010。周围地层对重力荷载代表值的影响,已通过令等代水平地震荷载系数(β_1、β_2、β)或等代地震惯性力系数(k_c)的取值与隧道埋深及所处土层的性质有关体现(本标准附录 B、附录 C)。

5.1.4 我国历次大地震的震害调查资料表明,发生高于基本烈度的地震是可能的,设计时对地面建筑考虑"大震不倒"是必要的。对于地铁枢纽车站和形状不规则的地铁车站结构等,除了进行弹性阶段的截面强度抗震验算和抗震变形验算外,必要时,尚需进行罕遇地震下的变形验算。研究表明,地震作用下结构和构件的变形与其最大承载能力有密切关系。但大震作用下,结构和构件并不存在最大承载能力极限状态的可靠。从根本上说,抗震验算应该是承受弹塑性变形能力的极限状态的验算。

此外,鉴于本标准第 1.0.4 条规定,地铁结构应达到"大震可修"的要求,因而结构薄弱层弹塑性层间位移的限值应按本标准第 5.6.4 条的规定确定。与按"大震不倒"设计比较,其值大大减小。

5.2 地震动输入

5.2.2 弹性反应谱理论仍是现阶段抗震设计的最基本理论,本标准所采用的设计反应谱以地震影响系数曲线的形式给出。

表 5.2.2 中,设防烈度和罕遇地震的烈度分别对应 50 年设计基准期内超越概率为 10%和 2%的地震烈度,即通常所说的中震烈度和大震烈度。

因缺少强震记录,周期范围超出 10 s 时的地震影响系数尚需专门研究。

罕遇地震作用时,地震影响系数的特征周期有可能超过 1.10 s。在进行具体地铁工程场地的地震安全性评价时,也可按 1.20 s 进行分析。

5.2.3 地铁结构设计中,地震加速度时程输入可由工程场地地震安全性评价提供。本标准图 A.7 所示的上海地区地表以下 70 m 深度处的人工水平地震加速度时程,系根据德平路和临平北路地铁车站的钻孔地质资料,进行地震动输入研究取得的成果。其中包括通过反演计算检验地震输入的正确性,即根据地表以下 70 m 深度处的人工水平地震加速度时程,通过计算确定相应地表处的人工水平地震加速度时程,并根据其与标准原有规定值的一致性作出正确性判断,必要时通过调整参数使其满足要求。

5.3　水平地震作用计算

5.3.1　本条根据《上海地铁车站抗震设计方法研究(项目研究总报告)》(2002 年 6 月)所列的研究成果撰写。图 1 所示为本市常见软土地铁车站结构受到横断面方向的水平地震作用时,各中柱柱端相对弯矩值(以位于车站中间部位的中柱的弯矩为基准的比值)沿纵轴方向变化的规律示意。由图可见,自车站结构两端起,柱端弯矩均逐渐增大,并在离两端约 0.76 倍横向跨度时,变化趋于平缓,相对弯矩值已基本不变化。

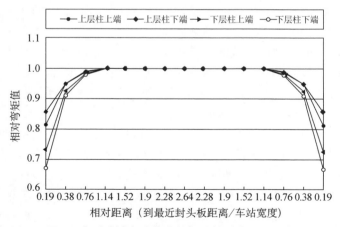

图 1　典型地铁车站各中柱柱端相对弯矩值示意

5.3.2～5.3.4 根据《上海地铁车站抗震设计方法研究（项目研究总报告）》列出的振动台试验的研究成果，对埋置于地下的地铁结构按平面应变模型分析时，可采用地层-结构时程分析法及与其相应的等代地震荷载法——等代水平地震加速度法或惯性力法，或反应位移法计算水平地震作用的动力反应，但需注意，应按第 5.3.2～第 5.3.4 条提出的方法确定计算单元、计算区域、边界条件和土的动力特性参数。

采用地层-结构时程分析法时，为防止地震波在边界的反射对结构响应计算结果的影响，除计算模型侧向边界与结构侧边的距离满足要求外，模型侧向边界一般采用消除或减小地震波反射作用的黏性边界、黏弹性边界或能量边界等人工边界。

表 5.3.4 列出的土动力特性参数的估算式，系根据上海市地铁临平北路站和德平路站的钻孔取样，按粉质黏土、黏土、粉土和砂土四类土质属性共 40 组试样进行 C.K.C 循环三轴仪和 V.P. Drnevich 共振柱仪试验后，由试验结果得出的统计规律，可供缺乏试验资料时参考。其中，粉质黏土、黏土、粉土和砂土的 G_{max} 值的相关系数分别为 0.96、0.86、0.99 和 0.95，λ_{max} 值的相关系数分别为 0.92、0.97、0.95 和 0.89。

5.3.5 等代地震荷载的分布规律受软土地基的组成及地铁结构的形式、尺寸和埋深等多种因素的影响，因而本标准提出的等代地震荷载主要适用于常见断面（含地层分布）的计算。断面形式变化较大时，应另专门研究。

5.3.6、5.3.7 此 2 条条文对地铁结构提出了应按空间结构模型进行抗震设计计算的情况，并对计算区范围的确定提出了方法。根据振动台试验的结果进行的研究表明，平面应变模型动力反应分析中采用的边界条件和地震动输入方法等对按空间结构模型计算原则上都适用，但因空间结构模型通常都较复杂，所以条文并未对其明确提出具体算法。这类课题有待继续研究。

5.5 截面抗震验算

本节摘自现行国家标准《建筑与市政工程抗震通用规范》GB 55002 第 4.3.1 条和第 4.3.2 条,条文说明可参见该规范的条文说明。

5.6 抗震变形验算

本节摘自国家标准《建筑抗震设计规范》GB 50011—2010 第 5.5.1 条、第 5.5.2 条、第 5.5.4 条和第 5.5.5 条,条文说明可参见该规范的条文说明。

鉴于地铁车站的钢筋混凝土框架结构通常层数较少,第 5.6.3 条规定,楼层屈服强度系数沿高度分布不均匀的结构,宜对各层均验算层间位移。此外,第 5.6.4 条对于罕遇地震影响下的弹塑性层间位移角限值,根据吕西林等的研究成果提出了比按大震不倒设计大为减小的取值。

6 地铁车站和出入口通道

6.1 一般规定

6.1.1 本条内容源自本标准第1.0.3条,故可参见该条的条文说明。

应予指出,地下变电站、地下中央控制室等建筑环境和施工方法与地下车站相仿,故其抗震设计方法也与地下车站相同。

6.1.2 地下车站和出入口通道结构是横向尺度较小、纵向长度较长的工程结构,建设场地的地形、地质条件对其抗震性能均有直接或间接的影响。选择在密实、均匀、稳定的地基上建造,有利于结构在经受地震作用时保持稳定。

6.1.3~6.1.5 此3条为对上海软土地铁结构抗震设计的计算提出的要求。其中,第6.1.3条为抗震设防烈度为7度时,对一般建筑结构的抗震设计计算的要求。第6.1.4条和第6.1.5条为按构造特点及其在系统安全运营中的重要程度,对不同类型的地铁车站的抗震设计提出的计算要求。其中包括对建筑布置不规则的地铁车站,规定抗震设计时应同时考虑两个主轴方向上的水平地震作用,并按空间结构模型计算和分析。枢纽站和复杂多层框架结构换乘站等重要地下车站需考虑水平向和竖向地震的联合作用。且其结构类型常较复杂,故宜进行专门抗震设计。竖向地震加速度值按本标准第5.4.2条的规定可取为水平地震加速度值的2/3。

6.2 结构的抗震计算

6.2.1 本条对按平面应变模型分析进行抗震设计计算的情况规定了计算单元的确定方法。这类方法一般适用于离端部或接头的距离达 1.5 倍结构跨度以上的地下车站及其出入口通道结构。而在车站与区间隧道或出入口通道等接头部位,结构受力变形情况较复杂,进行抗震设计时,原则上应按三维空间模型进行分析。

6.2.2 本条对计算区域的侧向宽度提出的取值建议的依据是双层三跨软土地铁车站结构振动台模型试验研究的成果,及对边界效应的影响进行数值分析研究得到的结果。底部边界主要根据地质钻孔的常见深度,将其取为 70 m。也可根据时程分析的试算,将其取为可使计算结果趋于稳定的深度。

6.2.3,6.2.4 此 2 条对可按二维平面应变模型进行横向水平地震作用计算的双层三跨箱形软土地下车站结构给出了二类等代地震荷载的分布规律和相应的结构最大动内力值的修正系数。其中,第 6.2.3 条为等代水平地震加速度法,对应于仍按二维平面应变模型对其计算横向水平地震作用下的动力反应时的情况;第 6.2.4 条为惯性力法,对应于按弹性地基上的平面框架的拟静力问题计算时的情况。给出两类方法的基础均为双层三跨地铁车站结构振动台模型试验研究的成果,建立方法的基本原理可参见本标准附录 B。

采用等代水平地震加速度法或惯性力法计算时,最大动内力值修正系数的量值受地层土性及结构尺寸等因素的综合影响。表 B.2.3 及表 B.3.4 对构件最大动内力值修正系数的确定给出了区间,可供参考。修正系数表确定中多数有 8 个子样,少数为 4 个(略去变化较小的 2 种土样),相关系数为 0.85～0.97。计算中一般可取中值。采用其他量值计算时,相对误差均为±15%。

另外,鉴于地震作用下对称双层三跨地下车站结构的地震反应具有周期性特征,动力问题分析中结构最大动内力的出现部位和正负号一般具有左右、内外(指正负号)对称的特点,设计计算中应予考虑。尤其是在采用惯性力法计算时,表 B. 3. 4 对底板最大弯矩引入了正负号,即既可是最大正弯矩,也可是最大负弯矩。

此外,对形状相近的其他箱形软土地铁车站结构,本章提出的方法也可供参考。其中,等代地震荷载的分布规律估计相近,但最大动内力值修正系数的量值有的可能误差较大。

6.2.5 本条引自国家标准《核电厂抗震设计规范》GB 50267—1997 第 7. 3. 9 条,其中,该标准中式(6. 2. 5-1)和式(6. 2. 5-2)给出的是柔性接头相对位移的上限值。

保守但合理的地震视波速度 c 的设计值为 600 m/s～900 m/s。基岩深度小于 1 个波长(一般为 60 m～120 m)时,选择的地震视波速度不宜小于 600 m/s,否则计算出的土应变将过于保守;基岩深度大于 1 个波长时,则地震视波速度宜为现场实测的瑞利波速。若无现场实测的瑞利波速,地基较软时,地震视波速度 c 可取上述设计值范围的较小值;地基较硬时,可取上述设计值范围的较大值。

最大地震动速度 V_c 可通过对地下结构横断面形心处土体的最大地震动加速度进行积分确定。

6.3　结构的抗震验算和构造措施

6.3.1 本条叙述地下车站结构抗震承载力验算的主要内容与方法,可供设计计算参照。

6.3.2 本条提出对地铁车站结构抗震构造措施可参照抗震等级为二级的同类地面钢筋混凝土框架结构确定。这类做法是目前设计院采用的方法。严格地说,以往对地下钢筋混凝土框架结构尚未开展划定抗震等级的研究,因此对其参照地面钢筋混凝土框架结构划定抗震等级的合理性需要论证。然而由于这类决策需要综合考虑,以及地下车站结构的层数通常不足5层,地震作用下框架结构受到的动力地层抗力有利于使其保持稳定,以及重点设防类工程的抗震构造应符合设防烈度提高1度的要求等因素的影响,可以认为本条对钢筋混凝土地下车站结构的抗震构造提出的规定应属基本合理。

对地铁车站卫生间、配电房、值班房等附属钢筋混凝土结构构件,通过综合考虑其对地铁结构保持抗震稳定性的重要程度,本标准对其提出抗震等级宜取三级。

6.3.3～6.3.5 此3条叙述将钢筋混凝土地铁车站结构的抗震等级定为二级时,顶、底和楼板的梁板结构形式,楼板开孔及墙板和顶板、梁板与立柱间节点等的抗震构造要求。

其中将开孔宽度限定为不大于该层楼板宽度的30%,是根据试设计计算的成果提出的规定。孔洞周围加固构件的布置形式则与同类静力问题的处理方法相同。这类构造也可供侧墙开孔参考。条文中规定了侧墙开孔不宜超过2跨,如需超过2跨,则需专门设计。

柱端箍筋的加密方法可参照地面结构柱构件的加固。

一般说来,中柱采用劲性钢筋混凝土柱或钢管混凝土柱可增加构件的延性。适当提高混凝土强度等级,或使用钢纤维混凝土代替普通混凝土,也可防止柱端混凝土挤压破碎。因此,第6.3.5条第4款对单柱车站、换乘段车站的中柱,给出了采用劲性钢筋混凝土柱或钢管混凝土柱的推荐建议。其他场合必要时也宜采用。

6.3.6,6.3.7 此2条对位于液化土层中的地铁车站结构规定应考虑采取抗浮措施,并提出可采用地层注浆、换土和设置抗浮桩等措施处理地基。

6.3.8 软土地铁车站结构施工采用地下连续墙作为基坑围护结构时,下卧地基土被地下连续墙包围,其中包含的液化土层在地震时一般不可能液化。

动力分析计算结果表明,地铁车站结构和区间隧道与厚

1.5 m的薄层液化土层横贯相交时,可通过适当加强结构刚度避免震害。其中1.5 m为估计数,能否满足要求需通过检验计算确定。

6.3.9 本条给出了不利环境和地质条件下减轻地铁车站结构地震作用效应的构造措施,可供地铁车站结构不可避免地在陡坡、河岸边缘等不利地段建造,或在古河道中通过及在地质条件剧烈变化的地区穿越时采用。这些措施的可靠性应通过进行专门的计算予以检验。

6.3.10 本条对框架柱的剪跨比及截面长边与短边边长之比的规定源自国家标准《建筑抗震设计规范》GB 50011—2010第6.3.6条,用以体现强柱弱梁的设计理念。条文说明可参照该规范第6.3.6条的条文说明。截面最小尺寸主要是根据设计经验提出的规定。

6.3.11 单柱车站跨度大,地震工况下中柱轴力、剪切位移大,与双柱车站相比,单柱的安全储备降低,宜降低轴压比限值。车站换乘区纵向刚度不连续,对抗震不利,也宜降低换乘区框架柱轴压比限值。原则上,常规地下车站柱轴压比限值上课参照现行国家标准《城市轨道交通结构抗震设计规范》GB 50909、《地下结构抗震设计标准》GB/T 51336进行设计。按照条文所列的方式设置箍筋全高加密措施并满足响应构造要求时,可适当提高轴压比限值。另外,参照现行国家标准《地下结构抗震设计标准》GB/T 51336,在柱的截面中部附加芯柱时,满足其规定的条件时,可增加轴压比0.05~0.15,具体参见该规范第7.3节。

7 地铁区间隧道及其联络通道

7.1 一般规定

7.1.1 本条内容源自本标准第1.0.3条,故可参见该条的条文说明。应予指出,明挖区间隧道的建筑环境和施工方法与地铁车站相仿,因而对其可参考地铁车站进行设计。

7.1.2 地铁区间隧道属于埋置于地下的线形结构,选择在密实、均匀、稳定的地基中建造,有利于使其在经受地震作用时保持稳定。上海市的地铁区间隧道通常都建造在软土地层中,地震时地基可能会发生液化、震陷和滑移现象,从而影响建、构筑物的抗震稳定性,故有必要检验地震时建筑场地影响范围内地基土的稳定状态,据以选择密实、均匀、稳定的地基作为地铁线路的建设场地。

7.1.3 本条规定与本标准第6.1.3条基本相仿,内容主要是在抗震设防烈度为7度时,对地铁区间隧道的抗震设计提出的计算要求。鉴于经验表明,对在软土地层中建造的区间隧道,纵向不均匀沉降已成为影响地铁线路安全运营的重要因素之一,所以,本条对地基地质条件明显变化的区间隧道区段规定尚应考虑竖向地震作用的影响。对直线形区间隧道结构,沿轴线纵向的水平地震作用是纵向水平地震作用的控制工况。因此,必要时一般可仅计算沿结构轴线纵向的水平地震作用。

7.1.4 区间隧道近距离相互交叉穿越时,隧道之间的地震反应将有较大的相互影响。理论研究表明,交叉穿越隧道的净间距小于0.5倍较大隧道直径时,隧道之间的地震反应将有较大的相互影响,因而认为,此时需按空间地层-结构模型进行地震反应计算与分析。

应予指出,区间隧道与道路隧道或其他隧道结构近距离交叉穿越时,也需按空间地层-结构模型进行计算分析。

7.2 结构的抗震计算

7.2.1 地铁区间隧道属于纵向长度很长、断面形式基本相同的线形结构,一般都可按平面应变模型进行抗震设计计算,但需注意结构形式和地基土性质不同的部位均需分别计算。与此同时,区间隧道和地铁车站及其联络通道等的接头部位及地基地质条件明显变化的区段结构受力变形情况都较复杂,对这些部位的结构进行抗震计算时,原则上应按空间结构模型进行分析。

7.2.2 本条对计算区域的侧向宽度和底部边界位置的确定提出的取值建议依据仍为振动台模型试验研究的成果,及对边界效应的影响进行数值分析研究得到的结果。提出的倍比关系和建议的数值也与地铁车站结构的计算相同,可参见本标准第 6.2.2 条的条文说明。

7.2.3,7.2.4 此 2 条对可按二维平面应变模型进行横向水平地震作用下的抗震计算的圆形软土地铁区间隧道,给出了两类等代地震荷载的分布规律和相应的结构最大动内力值的修正系数。其中,第 7.2.3 条为等代水平地震加速度法,对应仍按二维平面应变模型对其计算横向水平地震作用下的地震反应时的情况;第 7.2.4 条为惯性力法,对应按弹性地基上的圆环结构的拟静力问题计算时的情况。给出两类方法的基础仍为双层三跨地铁车站结构振动台模型试验研究的成果,建立方法的基本原理可参见本标准附录 C。

采用等代水平地震加速度法或惯性力法计算时,最大动内力值修正系数的量值受地层土性及衬砌管片直径和厚度等因素的综合影响。表 C.2.3 及表 C.3.4 对构件最大动内力值修正系数的确定给出了区间,可供参考。计算中一般可取中值。采用其他量值计算时,相对误差均为 ±15%。

7.2.5 本条对可按二维平面应变模型进行横向水平地震作用下

的抗震计算的双圆断面软土地铁区间隧道,给出了按等代水平地震加速度法进行计算时的等代地震荷载的分布规律和相应的结构最大动内力值的修正系数。给出这类方法时参照了双层三跨地铁车站结构振动台模型试验研究的成果,并依据了对双圆断面软土地铁区间隧道进行的动力时程分析和静力分析计算结果的对比。建立方法的基本原理可参见附录C。

表C.2.5对构件最大动内力值修正系数的确定给出了区间,可供参考。计算中一般可取中值。理由及误差分析见本标准第7.2.4条。

7.2.6 研究表明,隧道结构的纵向变形取决于隧道周围的地层位移,包括隧道纵向和横向的水平变形反应。本条提出的解析方法是一种相对变形法,在求得结构周围地层地震变形的情况下,利用变形传递系数计算隧道的地震响应。

7.2.7 当地铁结构穿越复杂地层时,本标准第7.2.6条确定场地变形的方法就不再适用,这时可将由自由场场地地震效应时程分析得到的结构轴线处的地层自由场位移(相对位移)作为地层强制位移,施加于纵向梁-弹簧模型中地层弹簧远离结构的一端进行时程分析,并仍利用变形传递系数计算隧道的地震响应。对于场地条件较为不利、场地条件特殊、结构形式复杂、纵向断面变化复杂等情况,必要时需开展物理模型试验研究,包括振动台试验、地下结构拟静力试验、地下结构混合试验等。

7.2.8 区间隧道近距离交叉穿越,衬砌结构的地震反应必然相互影响,故宜采用时程分析法按空间地层-结构模型计算地震动力反应。条文对计算区范围及边界约束条件等提出的规定,系主要参考由数值分析研究取得的成果。

7.3 结构的抗震验算和构造措施

7.3.1 本条叙述地铁区间隧道抗震设计验算的主要内容与方

法,可供设计计算参照。

7.3.2 本条主要用于考虑接缝防水材料的安全性。区间隧道周围砂土漏入隧道常可引起围压不平衡,从而导致接缝防水失效和结构破坏。设计计算中如能保证径向变形的最大值不超过按接缝防水材料安全使用确定的允许值,将可满足防水措施及结构安全性的要求。

7.3.3 地铁区间隧道遭遇液化土层可有多种情况,针对具体情况提出有效抗震措施需要专门研究。本条涉及的是薄层液化土夹层与隧道衬砌结构互相贯穿的情况。研究表明对这种情况,借助注浆技术加固周围液化土夹层对防御震害作用不大,也很不经济,适当加强结构则可有效防御震害,所需经费也不多,因而推荐采用这种方法。

动力分析的计算结果表明,地铁区间隧道与厚 1.5 m 的薄层液化土层横贯相交时,可通过适当加强结构刚度避免震害。其中 1.5 m 为估计数,能否满足要求需通过检验计算确定,动力响应的计算方法可为时程分析法。

7.3.4～7.3.6 此 3 条的内容为可供区间隧道衬砌管片或框架结构采用的抗震或减震措施,可供参考。

7.3.7 区间隧道与地铁车站、风井、联络通道连接处以及下穿地铁车站时,结构横向刚度差异较大,宜通过在管片中设置变形缝,增强管片适应地层变形的能力。

7.3.8 在大直径区间隧道的中隔墙与管片间设置软木橡胶及剪切键,可避免管片的剪切变形完全传递给中隔墙。

7.3.9 内部结构变形缝与管片环缝对齐,可避免变形时管片与内部结构相互约束。

7.3.10 地铁运营中,区间隧道的作用与地铁车站相同,二者钢筋混凝土结构的抗震等级理应一致。

附录 E 横向水平地震作用计算中考虑矩形框架结构对地层变形影响的反应位移法

E.1 概 述

张栋梁的博士论文基于拟静力假定，采用弹性力学复变函数方法，并利用边界条件、结构与周围土体间的力和位移的连续条件，导得结构与自由场剪应变之比存在解析关系，如本标准式(E.2.2)所示，关系曲线如图 2 所示。可见车站结构与自由场土体的剪应变之比 γ_1/γ_{ff} 与二者的剪切刚度之比 K_1/G 密切相关，从而研究建立了可考虑车站结构的存在对地层变形影响的反应位移法。

关于这一课题更多的知识，可参见张栋梁的博士论文《双圆盾构隧道抗震设计的分析理论与计算方法研究》。

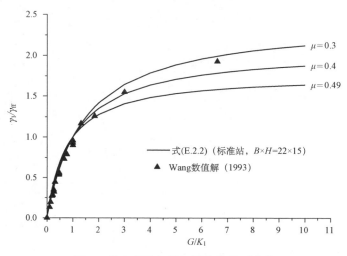

图 2 剪应变比与剪切刚度比关系曲线

E.2 计算原理

E.2.1 地层自由场位移的计算

EERA 为一维等效线性化场地响应分析程序。该程序采用傅里叶变换将地震加速度时程离散为系列不同频率和幅值的谐波,利用黏弹性土层的稳态反应方法求得土体各层中不同谐波对应的加速度、剪应变及剪应力响应,最后借助傅里叶反变换求得对应时域中土体的加速度、剪应变、剪切模量等响应,即可得到 γ_{ff}、G 等参数。

非线性土体的剪切模量和阻尼比是剪应变的函数,EERA 程序通过迭代计算实现等效线性化解法,概念清晰,使用方便。

E.2.2 强制位移的计算

1 β 的计算式

研究表明,式(E.2.2)中,β 可按下式计算:

$$\beta = \frac{1}{2(1-a_1+a_2-a_3)}\left\{(3-4\nu)\frac{(1+a_3)}{1+a_2+a_3(a_1-3a_3)} - \frac{(1+3a_3)(1-a_1+a_2-a_3)}{(1+a_1-3a_2+5a_3)[1+a_2+a_3(a_1-3a_3)]} - \frac{A_1-A_2+A_3}{(5a_3-3a_2+a_1+1)}+1\right\} \tag{1}$$

式中,ν 为土层泊松比。

其他参数分别为:$a_1 = \cos(2k\pi)$ $a_2 = -\frac{1}{6}\sin^2(2k\pi)$

$$a_3 = -\frac{1}{20}\sin(4k\pi)\sin(2k\pi)$$

$$A_1 = \frac{1}{1+a_2+a_3(a_1-3a_3)}a_3(5a_2+5a_1a_3-15a_3^2-3)$$

$$A_2 = \frac{1}{1+a_2+a_3(a_1-3a_3)}[1+3a_2^2+5a_3^2+3a_1a_2a_3 - 3a_3(a_1+3a_2a_3)]$$

$$A_3=\frac{1}{1+a_2+a_3(a_1-3a_3)}a_1(1+a_2+a_1a_3-3a_3^2)$$

$$\lambda=\frac{B}{H}=\frac{1+\cos(2k\pi)-\dfrac{1}{6}\sin^2(2k\pi)-\dfrac{1}{20}\sin(4k\pi)\sin(2k\pi)}{1-\cos(2k\pi)-\dfrac{1}{6}\sin^2(2k\pi)+\dfrac{1}{20}\sin(4k\pi)\sin(2k\pi)}$$

k 可由矩形孔口边长比 λ 反算得到,代入上式,即可得到 β 值。

2　常用地铁车站框架结构类型的 β 值

为方便应用,标准站、两层换乘站、三层换乘站及含有车线站四种常用地铁车站框架结构类型的 β 值如图3~图6所示,可直接查用。不同泊松比 ν 值间允许内插。

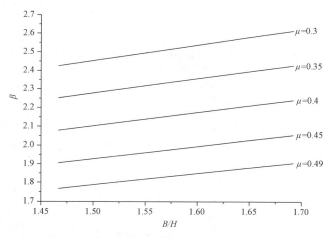

图3　标准站 β 值（$B=22$ m，$H=13$ m~15 m）

3　强制位移计算式

将 γ_{ff}、K_1/G、β 代入式(E.2.2),即可得到地铁车站框架结构的剪应变(γ_1),从而得到强制位移(Δ),换下式计算:

$$\Delta=\gamma_1 H=\frac{\beta}{1+(\beta-1)\dfrac{K_1}{G}}\gamma_{ff}H \qquad (2)$$

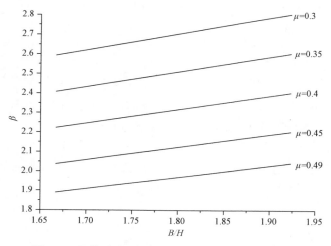

图 4　两层换乘站 β 值($B=22$ m, $H=13$ m~15 m)

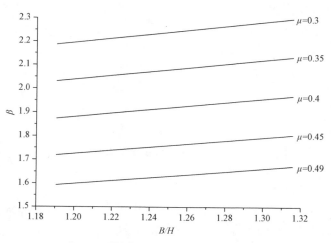

图 5　三层换乘站 β 值($B=25$ m, $H=19$ m~21 m)

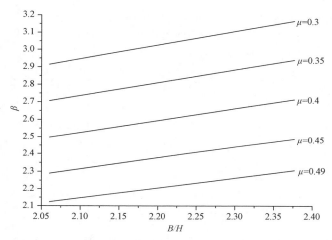

图 6　含存车线站 β 值($B=30.9$ m,$H=13$ m~15 m)

E. 2. 3　结构动内力的计算

将采用本附录拟静力计算方法与采用时程分析法得到的计算结果进行了对比。时程分析法采用的计算程序为 FLAC,采用的地震动输入及土体模型等参数均与 EERA 程序算法一致。结果表明,除个别部位外,弯矩的相对差值在 30%以内,轴力的相对差值在 50%以内,剪力的相对差值在 40%以内,且拟静力计算方法在底板与侧墙连接处等关键部位的内力均偏于保守。但底板的动剪力值偏小,设计中宜乘以调整系数 2。

参考文献

[1] 张栋梁. 双圆盾构隧道抗震设计的分析理论与计算方法研究[D]. 上海:同济大学,2008.

[2] BARDET J P, ICHII K, LIN C H. EERA—A Computer Program for Equivalent-linear Earthquake site Response Analyses of Layered Soil Deposits[R]. Los Angeles:University of Southern California,2000.

[3] WANG J N. Seismic Design of Tunnels: A State of the art Design Approach[R]. New York: Monograph 7 Parsons Brinckerhoff Quade and Douglas Inc, 1993.

附录 F 软土地铁区间隧道纵向地震反应的分析方法

参考文献

[1] 禹海涛,袁勇. 长大隧道地震响应分析与试验方法新进展[J]. 中国公路学报,2018,31(10):19-35.

[2] HASHASH Y M A, HOOK J J, SCHMIDT B, et al. Seismic design and analysis of underground structures[J]. Tunnelling and Underground Space Technology, 2001, 16(4):247-293.

[3] JOHN C M S, ZAHRAH T F. A seismic design of underground structures[J]. Tunnelling and Underground Space Technology, 1987, 2(2):165-197.

[4] 小泉淳. 盾构隧道的抗震研究及算例[M]. 张稳军,袁大军,译. 北京:中国建筑工业出版社, 2009.

[5] 禹海涛,王祺,刘涛. 均质地层长隧道纵向地震响应解析解[J]. 隧道与地下工程灾害防治:2020(1):34-41.

[6] YU H T, CAI C, BOBET A, et al. Analytical solution for longitudinal bending stiffness of shield tunnels[J]. Tunnelling and Underground Space Technology, 2019, 83(1):27-34.

[7] YU H T, ZHANG Z W, CHEN J T, et al. Analytical solution for longitudinal seismic response of tunnel liners with sharp stiffness transition[J]. Tunnelling and Underground Space Technology, 2018, 77(7):103-114.

[8] YU H T, CAI C, GUAN X F, et al. Analytical solution for long lined tunnels subjected to travelling loads[J]. Tunnelling and Underground Space Technology, 2016, 58(9):209-215.